微反应

应用心理学

沈岳明◎著

文汇出版社

图书在版编目 (CIP) 数据

微反应应用心理学 / 沈岳明著 . — 上海：文汇出版社, 2018. 9
ISBN 978-7-5496-2706-6

Ⅰ . ①微… Ⅱ . ①沈… Ⅲ . ①应用心理学 - 通俗读物 Ⅳ . ① B849-49

中国版本图书馆 CIP 数据核字 (2018) 第 188961 号

微反应应用心理学

著　　者 / 沈岳明
责任编辑 / 戴　铮
装帧设计 / 天之赋设计室

出版发行 / 文匯出版社
　　　　　上海市威海路 755 号
　　　　　（邮政编码：200041）
经　　销 / 全国新华书店
印　　制 / 三河市龙林印务有限公司
版　　次 / 2018 年 9 月第 1 版
印　　次 / 2018 年 9 月第 1 次印刷
开　　本 / 880×1230　1/32
字　　数 / 154 千字
印　　张 / 8

书　　号 / ISBN 978-7-5496-2706-6
定　　价 / 38. 00 元

前　言

　　俗话说"一分耕耘，一分收获"。你付出了多少努力，便会得到多少回报。但是，在现实生活中，我们总会听到有人这样抱怨："为什么我付出了那么多的努力，收获却非常小，而有的人只付出一分耕耘，却得到好几分的收获呢？"

　　这确实是一个问题。在能力相当的情况下，有的人付出得少，但收获得多；而有的人，虽然付出得多，但收获得少。

　　对此，我们不得不讲到人际关系这门学问了。

　　每个人都离不开社会这个大家庭，而它又是由许多关系编织起来的一张大网。既然我们都生活在这张大网里，就离不开他人的帮助与扶持，所以，要想获得更大的成功，就得多建立人际关系、多积攒人脉——只有这样，我们才能获得别人的帮助与扶持。

但人心是复杂的，要想获得更多的人际关系，没那么容易。在许多人的眼里，人际关系就是"拉关系""走后门"，其实这是一种误解。

那么，怎么才能建立良好的人际关系呢？

这就要靠你去识别他人，而一切又得从洞悉他人的内心开始——只有读懂了他人的内心，你才能了解他人的所思所想，也才能合理地"利用"他人的优点和缺点与他人建立良好的社会关系，从而获得他人的帮助与扶持。

本书教会你如何独具慧眼地洞悉人心，从哪些技巧、妙法入手，轻松地识别他人。同时，本书也能让我们变得更加言谈得体、举止大方、处事机敏，以便获取更大的成功，洒脱自如地活在天地间。

目 录

第五章　搞好职场社交的心理策略

第六章　提升自我的心理策略

第一章

相由心生，通过五官面貌识人

心理学家研究后得出结论，我们每个人与生俱来的面部表情最少有如下六种：愤怒、惊讶、喜悦、悲伤、恐惧和厌恶。

我们只要注意观察就会发现，人在 3 岁之前就能够表达出这些原始情绪。到 4 ~ 5 五岁时，不但能够通过表情表达以上情绪，而且还能辨认出一半以上的面部表情。到 6 ~ 7 岁时，便能跟成年人一样，可以看出大约 75% 的表情来，而另外 25% 的表情则需要通过后天的学习来完成认知。

可见，识别表情是我们从小就会接触的事，而它也是一个人能否成功的关键因素。

人类的性格、心理活动都可以通过面部特征表现出来。虽然人的相貌各不相同，内心活动也不易被人察觉，但生活

经验丰富的人还是可以从对方的相貌上洞察到他的内心活动，并且能够判断出他的身份、地位。

人们的表情动作都对应着身体状况和心理状态。如果一个人内心善良，身心处于和谐、愉悦的状态，就会浑身充满活力，显得神采奕奕。如果一个人身患疾病或内心全是烦恼，那么他的面色就会眉头紧锁、愁云密布。

1. 不同的面容，不同的性格

人的相貌是可以反映他的性格和气质的，不同面容的人会有不同的性格。在生活中，我们通过观察人的面相可以粗略地了解对方的个性、人品和特长等，并拿出相应的方法来与其交往。

（1）满面笑意型

【场景】一个人两边的面颊上各放着一个红润的苹果，苹果上夸张地闪烁着太阳般灿烂的光芒。

【面容描述】不管在哪里，小李的脸上总洋溢着灿烂的笑容，让人感觉很亲切，于是大家都叫他"小李"。其实，小李已经四十多岁了，早就变成了"老李"。但他对此毫不介意，依然满面笑容地与人交往，所以他在哪里都很受欢迎。

【面容解读】有人说，爱笑的人大多心胸宽广、为人温和，凡事总会考虑别人的感受，不会争强好胜。像小李一样性格稳健、满面笑意的人，人缘总是比一般人要好——不但能经常听到别人的赞美，也更容易赢得他人的友谊和帮助。

【应对方法】跟这样的人相处是轻松和愉快的，他和善的面容会感染你，让你的心胸也变得更加开朗。哪怕在事业上他一时帮不到你，但他的乐观精神会激励你不断地努力、前进。我们要多跟这样的人相处，学习他们的生活态度和为人处世的方法。

平时，你可以对着镜子照一照，笑一笑，这样你就能发现自己的很多优点，从而也让自己变成一个爱笑的人。时间久了，你就会发现自己的心胸也变得开阔了，人也变得乐观了。

（2）阴沉着面孔型

【场景】一个人顶着一大朵乌云，他的脸色也像乌云一样暗淡无光。乌云紧闭着"嘴"，他的脸拧得像一块皱巴巴的抹布。

【面容描述】老张是一个沉默寡言、不苟言笑的人。他每天都阴沉着脸，一副不高兴的样子——他走到哪里，哪里的气氛就会变得沉闷起来，原本在说笑的人，看到他都无法高兴。所以，大家不喜欢跟他在一起，都离他远远的，而他也越来越孤独了。

【面容解读】这种阴沉的面孔让人感觉压抑，人们不愿接近他们。这类人的性格比较狭隘，凡事总喜欢往心里去，猜忌心重、缺乏信任感，容易沮丧、悲观、消极，经常陷于低落的情绪而无法自拔。

当别人获得成功时，他们会因自己的现状不如他人而心生嫉妒，所以他们的人际关系也不太好。而他们的心情也会因此而变得更加糟糕，面色也会因此而变得越来越阴沉。

心情直接从面部反映出来，这样会使面部的皮肤紧缩。习惯成自然，面部易紧缩的地方就容易出现皱纹，让人感觉面容比实际年龄苍老，也就是我们常说的未老先衰。

【应对方法】这种人一般没什么事业心，总是专注于一些小事，且喜欢斤斤计较。跟这样的人相处时，要默默地为他付出以表示关切和爱；他们遭遇难关时，要极力给予鼓舞和安慰。在大事上，你也需要勇于承担，这样会让对方对你刮目相看，并产生一定的依赖感。

（3）喜欢争论型

【场景】一个人红着脸说："这件事我就不那样去办！"
另一个人也红着脸说："那件事，你非得这样去办不可！"

【面容描述】不管在什么场合，小梁都喜欢与人争论，
并且常常是争得面红脖子粗。有时候，争论的内容并非什么
要紧的事，甚至是不着边际的事，没有任何意义，而小梁也
知道是自己错了，但就是忍不住要争个输赢。

但在争论过后，小梁又总是十分后悔。可到了下一次，他
依然忍不住要与人争论——如此反复，他陷入了矛盾之中。

【面容解读】喜欢与人争论的人，情绪很容易激动，往
往为了一点小事与他人争得面红耳赤，互不相让。其实，他
也非常明白自己这种性格的缺陷，但就是无法控制自己。

【应对方法】在与亲朋好友、同事相处和互动的过程中，
人们难免会产生不同意见、观念或利益的冲突，从而诱发争
辩或吵架。

如果你是这种易怒性格的人，这时候要懂得适时退让、
平息纷争；要学会心平气和，以理服人，客观地接受别人的
意见与不同的观点，不要为了保住所谓的面子死抬杠；还要
有海纳百川的宽广胸怀，学会和善与"示弱"。

2. 观其色，知其心情

俄国生理学家巴甫洛夫说："认知世界的唯一方法便是观察、观察，再观察。"可见，观察有多么重要。但观察并不是在各种场合里漫不经心地四下看看，而是有计划、有目的地去进行观察。

其实，练习"观色"是为了培养一种"未卜先知"的能力，它对每个人来说都很重要，尤其在那些看似简单的事上。如果你不懂得观色，就难以称得上才智过人。

此外，观其色还可知其心情。了解沟通对象心情的好坏，不但能促进沟通，还能"利用"对方的情绪来达成我们的目的。

（1）板着面孔

【**场景**】两个人聊天，一个人听了几句，渐渐地脸色不大好看，板起了面孔。

【**脸色描述**】几天前，夏敬的女朋友去泰国旅游，回来时特地给夏敬带了糖果和小礼物。夏敬就带了一些糖果跟同事分享，每个人桌上都放了四五颗糖。几个同事拆开包装，把糖放到嘴里。

突然，小于皱着眉头大声地说："哎哟，这糖怎么这么难吃啊？这种糖果，要是放在国内恐怕都没人买吧！太甜了，我一吃就牙疼。"说着，她把糖果吐到了包装袋里。

一旁的夏敬很尴尬，芳芳打圆场说："我觉得味道不错，而且糖纸很漂亮，可以做书签。"

夏敬点点头，正准备换个话题时，小于又开口了："你们就是崇洋媚外，觉得国外的什么东西都好。我就吃不惯这种味道，剩下那几颗糖给没品位的人吧。"说着，她把糖果递给了芳芳。

这下，夏敬和芳芳的脸色都不好看了，他们板着脸，一言不发。

午餐休息时，夏敬不高兴地说："以后同事聚餐都别叫小于了，她太不会看人脸色，说话不经大脑，跟她多相处一秒，我都难受！"

一起吃饭的同事纷纷点头附和。

【脸色解读】小于从一开始就应该明白，夏敬出于一片好意，才跟大家分享糖果。可是，小于却吐槽糖果很难吃，使夏敬陷入了尴尬。即使糖果真的不合她的口味，可以在私下送给他人，她却不以为然地说同事崇洋媚外，白白浪费了

别人的心意，当然会令人反感了。

【应对方法】在与人交谈时，当对方板起面孔或表情阴沉时，说明他对你的话题很反感。这时，你就需要注意了，你可以岔开话题或起身告辞——如果继续交谈下去，你只会惹人不快。而你的知趣也许会让他知道，你并无恶意，从而不予计较，继续与你保持良好的社交关系。

（2）面色平静

【场景】一个人静静地望着一片宁静的湖水，湖面上静得连一丝涟漪也没有。

【脸色描述】钟宇辉是一名普通职员，不管在什么时候，他总是一脸的平静，该工作时工作，该休息时休息。他从不发怒，也不谈笑，就算下班了，同事、朋友在一起聚会时，别人开玩笑笑得连后槽牙都能看见，他还是毫无表情。

【脸色解读】这种人要么是经历过大风大浪，对什么事都看得非常透彻，想开了；要么就是内心受过巨大的伤害，不想让自己融入这个社会，也不想让他人进入自己的生活空间；要么就是在故意玩深沉，让人读不懂他的内心，以此来标新立异。

【应对方法】面色平静的人，看似不好相处，但一般都没有什么攻击性。只要你不向他发难，他是不会为难你的。

但要想进入他的内心也并非易事，这需要你长期关注、关心他才行。

与这样的人相处，你只需要默默地给他提供一些细节上的关照与帮助，不需要太多的语言。一旦他认定了你这个朋友，那么他便会时时处处默默地关照你、帮助你，而且不需要你感谢。

（3）一脸怒色

【场景】一个人的一边脸上正在下雨，而另一边脸上却出太阳了。尽管头顶乌云密布，但太阳的强光还是刺穿了厚厚的乌云。

【脸色描述】有一次，赵新明去拜访一位客户，刚进门，他便发现客户一脸怒色地看着自己。他吓了一跳，以为客户对自己不满意，正在生他的气呢。于是，他赶紧向客户赔笑，问自己是不是做错了什么，得罪了客户。

尽管赵新明反复询问，但依然没结果，最后，他只得告辞。但走了还不到10分钟，他就接到了客户的电话，请他回来谈合作的事。

这时，客户的脸上已经毫无怒气了，而赵新明也很快就得到了客户的支持，并顺利地达成了合作。

可是，赵新明怎么也想不通，前后不过10分钟的时间，

客户为什么会判若两人呢?

【脸色解读】很显然,客户之所以发怒并不是针对赵新明,只不过他去拜访时正好赶上客户余怒未消之际。一般情况下,正在发怒或者余怒未消的人破坏力是比较强的,如果你与他正面沟通时话题不合他的意,很容易再次激怒他。

【应对方法】赵新明的做法非常好,一旦遇上了正在发怒的人,首先要问明白他为什么发怒,主要是需要了解他是否因对你不满而发怒。如果反复询问依然没结果,就说明他并不是在生你的气。此时,你也无需多说什么,只要礼貌地告辞即可。

由于你的离去,也给了发怒者一个独自思考的空间,当他明白不应该将怒气撒在你身上,而你还非常礼貌和谦逊的时候,他会感到内疚,并且产生弥补你的想法。这时,他会主动跟你交流,你的成功率也就相当高了。但如果你没有及时离去,还要当着他的面问个明白,很可能会将事情搞砸。

3. 笑脸中有玄机

有人说,一个人的脸部表情就像天上的云彩一样,总是

< 010 >

飘忽不定、变化多端，令人难以捉摸。要想读懂别人的脸部表情，了解别人内心的真实意图，就要学会识破表情背后的玄机。

日常生活中，每天我们都会遇到许多人，看到许多张笑脸——那些笑脸有的虚假，有的真诚。但是，我们怎样才能识别哪些笑容是真的，哪些笑容是假的呢？

识别笑容的真假，是我们每个人都应该懂得的一项心理技能，这种技能能够帮助我们判断别人的情绪，提高自己与别人交往的能力，从而让自己的工作、事业得到有力的发展。

（1）微笑

【场景】一轮初升的太阳，微笑着向这边眨眨眼，又向那边眨眨眼。

【笑脸描述】无论何时何地，小吴的脸上总是挂着微笑。不管是在极其严肃的会议中，还是在紧张的工作中，或者是休闲之时，只要你看见他，他的嘴边都挂着和善的微笑。

【笑脸解读】这类人性格随和，善于社交，富有亲切感，凡事均采取积极的态度，乐于助人、亲近于人，并且具有冒险精神。同时，他还拥有秘书能力，善于处理繁杂事务，越繁杂便越觉得有趣。

【应对方法】与这样的人交往会感到比较轻松，因为他几乎不会给你造成什么压力。但由于他事业心强、朋友多、爱好广，所以不可能永远为你所用，也不可能只交你这一个朋友。

所以，与他交往时，你可以"三心二意"。如果你坚持要对他"一心一意"的话，很可能会感到失望。

（2）大笑

【场景】一个人正在大声地笑着，而很多人百思不得其解地看着他，不知道他在笑什么。

【笑脸描述】所有认识大健的人都知道，他是一个粗嗓门、大声调的人，隔着一段距离远远地就能听到他的笑声。

有时候，其实并没什么值得笑的事，尤其是在一个陌生的环境，周围都是一些陌生人时，他会突然大笑起来，往往弄得别人不知道是怎么回事，一个劲儿地往他这边看。他的同伴也觉得非常别扭，但他自己却毫无察觉。

【笑脸解读】这类人性格不拘小节，只有熟悉他的人才知道，他就是一个喜欢大笑的人，而且笑起来也不需要什么理由。他们的缺点是对人忽冷忽热，遇到不如意的事随即会弃之不理，很容易被他人误解。

其实，这种人喜欢直来直去，但不记仇——哪怕他当场跟你翻脸，过不了多久又会与你说说笑笑了。

【应对方法】与这种人交往，不能斤斤计较，哪怕你觉得他有些地方不对，也不要往心里去。该去找他时，还得找他，不然他明明没生你的气，你还以为你们已经闹翻了，这样就划不来了。

（3）似笑非笑

【场景】一张嘴在说，一只口袋一样的耳朵在听，代表声音的音符全都装进了"口袋"，一点都没遗漏。

【笑脸描述】不管什么时候遇到老王，他总是那种似笑非笑的模样。你想让他给你办事，望着他似笑非笑的脸，你不知道他是答应了呢，还是没答应？

你交代他去办事时，望着他似笑非笑的脸，你不明白他究竟是听懂了呢，还是没听懂？

你如果正在跟别人谈论他，不小心被他听到了，他也是那种似笑非笑的样子，你不知道他是生气了呢，还是没生气？

【笑脸解读】这类人性格倔强、固执，但不会轻易表露内心。明明知道的事，他们却假装不知道，也不跟别人说起。平常性情比较和气，但也有大发脾气的时候。你们一旦闹翻了，好长时间他也不会原谅你，哪怕他依然对你似笑非

< 013 >

笑，心里却仍然恨你。

【应对方法】一般而言，大家都不愿意跟这样的人合作、相处。但也有例外，如果你主动向他表露心迹，他还是会被你的真诚所感动。这种人的最大好处是，他不会将你的事说给他人听，能为你保守秘密。

4. 眼睛传递心理信息 I

眼睛能够传神。虽然每个人内心的想法不同，但我们可以通过观察对方的眼睛与眼神，了解对方内心深处不为人知的隐秘。

要想通过眼睛分析他人所传递的心理活动信息，我们不但要善于观察对方的眼睛，同时还要善于利用自己的眼睛，这样你才能在接受对方眼睛传来的信息之后，准确无误地做出反应。

（1）先慢后快的眨眼

【场景】一只眼睛向另一只眼睛不停地眨着，说："请

< 014 >

注意哟，有人在说你的坏话呢。"另一只眼睛反问道："那个说我坏话的人，该不会是你吧？"

【眼睛描述】左欣早上刚到办公室，就发现陈玲在一个劲儿地向自己眨眼睛，并且是先慢后快的那种眨法。左欣不解，就问她发生了什么事。陈玲环顾四周，见没有其他人就小声地说："刚刚我听说经理对你提的方案很不满意。"

左欣听了，心里"咯噔"一沉，想："完了，最近公司正在裁员呢，恐怕我的职位要保不住了。"

可是，面对陈玲不停地眨眼睛，特别是刚开始时很慢，但后来变得越来越快的样子，左欣心生怀疑："陈玲该不会是故意这么说的吧？"

事实证明，果然是陈玲故意这样说的，她是想借经理之口赶走左欣呢。因为左欣走了，她的位置便能保住了。

【眼睛解读】人在说谎或处于压力状态下时，眨眼速度会非常快。因为，一个人只要说谎，就会下意识地感到紧张、焦虑，因此会情不自禁地快速眨眼。

【应对方法】面对这种情况时，一定要让自己冷静下来，不要急于行动。因为，如果对方说的是谎话，你只需要耐心地等一段时间，谎言便会不攻自破。如果你不够冷静，而是急于维护自己的利益，那么很可能会中了别人的奸计，最终被他的谎言所害，而自己还不知道是怎么回事。

（2）重重地眨眼

【场景】一个人向一个鼓鼓的气球眨了一下眼，气球顿时瘪了下去。

【表情描述】小邵的同事美霖之前得罪了客户宋总，还给对方留下了不负责任、在公司混日子的印象，所以经理让小邵负责与宋总谈论合作的事。

由于之前美霖给宋总留下了坏印象，所以他也不太喜欢小邵，说话的口气很是严厉，言辞中还有不少抱怨的意思。

小邵原本想跟宋总好好地解释一番，但又不知如何开口才好。最后，由于没想好合适的说辞，小邵便没有开口说话，只是在宋总说话的间隙适时地重重眨了一下眼睛，并伴随着点了点头，表示一定会根据宋总的要求来改进产品的质量。最后，宋总的怒气居然全消了。

【回应解读】偶尔重重地眨一下眼睛，特别是当客户的话语里伴随着怒气的时候，通常表示听者对说者的尊重。这种表情既不会显得过于迁就对方，又有坚决改正的意思，所以客户一般都会接受。

【应对方法】面对这种客户时，在重重地眨一下眼睛的同时，如果还能点一下头，效果会更加显著。但值得注意的是，点头的频率不能太高，否则对方会以为你是在敷衍他。

（3）挤眉弄眼

【场景】一个人的眼睛都挤到一堆去了，可另一个人还在不停地说着话，一点反应也没有。

【眼睛描述】那天早上，小徐到了办公室后，见离上班时间还有半小时，便跟几个早到的同事闲聊起来。

聊着聊着，小徐便说起了领导的坏话。正当他说得津津有味的时候，突然发现一个同事正在朝他挤眉弄眼。他不明白同事的意思，本想直接问他，可对方不理他了，转身做自己的工作去了。

由于说得兴起，小徐一时停不下来，于是又接着讲了下去。这时，一个身影从他的身边飘过——原来是领导来了！

小徐这才吓得不敢说话了，身上也冒出了一层冷汗。

【眼睛解读】如果不是眼睛患病，有人突然地做出挤眉弄眼的动作，这便是一种对他人的制止性暗示，意思是让对方停止目前的语言或者行为。这种暗示因为不便公开说出去，所以只能以挤眉弄眼的方式来传达。

【应对方法】当你在做某件事或者说某些话时，突然发现身边的人在向你挤眉弄眼，证明他有什么话要跟你说，但又不便明说。这时，你应该立即停止做事或者说话，等弄清事情的原委后再做出相应的举动。

< 017 >

（4）闭眼

【场景】一张嘴巴正在口若悬河地讲着，但一只眼睛却紧紧地闭着。

【眼睛描述】小苏因急于升迁，于是向上司提出了不少点子，可那些点子显然都不是什么好点子。因为上司刚开始时很喜欢小苏，可自从在她的建议下吃了亏以后，便渐渐地对她冷淡了。

小苏觉得是自己的运气不好，于是她在心里暗暗发誓，下次一定要让上司对自己刮目相看。可是，她再去找上司提案时，上司听了一会儿就闭上了眼睛。

小苏觉得很奇怪：上司到底是怎么了？

【眼睛解读】一般来说，如果对方突然闭上眼睛，要么是眼睛疼，要么是工作劳累，想要闭目养神。显然，小苏的上司并不属于上述两种情况。当一个人对你的话题不感兴趣，又不便直说时，很可能会闭上眼睛，意思是："我已经不想再听你说下去了。"

【应对方法】遇到这种情况，除了及时告辞外，没有其他更好的办法。他现在只是闭眼，还没直接说出拒绝你的话，说明他还不想跟你翻脸，你还有再次赢得对方好感的机会。如果你不愿放弃，硬着头皮继续跟他谈下去，很可能会让他对你彻底失望。

此外，瞳孔的变化也是人们所不能自主控制的，它的缩放也能真实地反映出一个人复杂多变的心理活动。换句话说，瞳孔在随着人们内心的情绪变化而不知不觉地变化着。

当一个人感到欢喜、愉悦时，瞳孔会突然比平时放大好几倍；当一个人生气或情绪低落时，瞳孔会突然缩小好几倍。如果对方的瞳孔一点变化也没有，那么就表示他对所看到的东西并不感兴趣。

5. 眼睛传递心理信息 II

交谈时直视对方的眼睛，是对对方的一种尊敬，也是一种自信的表现。人际交往像困难与弹簧的关系一样，你弱它就强，你强它就弱。如果你的目光强势，他的目光必定暗淡。同样的道理，如果你占据强势在先，凡事就多了一分胜算。

（1）与人交谈时要直视对方

【场景】一只眼睛里射出一束目光，一个人痛苦地喊：

"啊，你干吗用剑刺我，好痛啊！"

【直视描述】小雪不擅长与人沟通，每次跟人说话时总是不敢抬头，一般都是人家在说，她只能听着——因为她不敢发表自己的看法和意见。

【直视解读】不敢直视对方的眼睛，要么是因为内心自卑，要么是因为对手比自己强大。一般来说，只有直视对方，才能让自己处于强势地位——如果你不敢直视对方，则无法增强自己的信心，也就很难达到自己的某些愿望。

【应对方法】针对自卑心理，可以不停地给自己暗示："我是可以的。"面对强大的对手时，你应该多想想对方的弱点，首先要在心里将对方矮化，然后勇敢地直视他的眼睛，从而达到自信满满的目的。

（2）不躲避对方的视线

【场景】一个人射出一束如剑的目光，另一个人则拿着一块盾牌来挡。

【行为描述】小怡在一家广告设计公司工作，她的广告设计总能让客户满意，于是经理就提拔她做广告部的主管，并给她配备了一间属于自己的办公室。

有了独立办公室以后，小怡原以为能提高工作效率，可效率反而降低了。对此，她百思不得其解。

后来，小怡发现问题原来出在那些为了多方采光而设计的玻璃窗上——由于办公室的情形在外面看来一览无余，她总觉得外边的人一直在盯着自己看，内心的不安造成了工作效率的低下。

于是，当小怡把自己的问题向经理反映后，经理就让人在玻璃窗前安装了百叶窗。果然，她的工作效率又上来了。

【眼神解读】在相互注视时，这种"看与被看"的关系很微妙。一般来说，当知道别人在看自己，而自己又不能看别人时，你就会产生一种恐惧心理。但是，当自己也能看别人时，这种恐惧心理又自然会消失。

所以，在与人交谈时，你越是不敢看别人，越会感到惶恐不安；反之，如果你勇敢地直视对方，反而会增强你的自信。

【应对方法】双方面对面时，如果你因为对方的注视而胆怯地低下头，那就等于将支配权让给了对方，这可能会让对方轻易地获得控制权。如果你敢于迎着对方的目光直视他，便可能让他无所适从。

（3）集中一点注视对方

【场景】很多目光望着一个点，那个点差点起火了……

【行为描述】为了与观众互动，演员小刘分别在舞台的

两侧设定了参照物。那样，他在表演时只需要看两边的参照物，便能让观众感觉到自己在看他们。如此，原本不能集中的视线，看起来便有了集中的表现。

【眼神解读】如果你能将视线集中在一个点上看别人，一般都能赢得对方的信任，同时也能建立自信。因为，一个点上的目光更接近人的内心，这种交流也更方便、更直接。

【应对方法】在与人初次见面时，千万不能眼神游离，而应通过眼神的交流把正面信息反馈给对方。只有当两个人彼此眼神相交时，才算是开始真正的交流。人们通常会认为，那些微笑着注视自己的人更具魅力。

6. 从嘴的动作了解他人

嘴是面部表情中最有表现力的部位，不同的嘴部动作也能反映出不同的心理活动。

（1）咬嘴唇

【场景】一只大手托着一个咬着的嘴唇，另一只手的指头指着嘴唇说："我知道你是在反省自己！"

【嘴巴描述】领导找小方谈话，小方不知不觉地咬着嘴唇。整个过程中，小方一句话都没说。谈话结束后，领导也没要求小方表态，便说："你今天的表现我很满意，一个懂得反省自己的人才能挑大梁、干大事。你放心，以后我一定会重用你的。"

小方不明白了，领导怎么就知道自己在反省呢？

【嘴巴解读】在与人交谈的过程中，对方用上牙齿咬住下嘴唇或是用下牙齿咬住上嘴唇，表明他正在用心地听另一个人讲话，并且在心里仔细分析对方所说的话。另外，他还在认真地反省自己，进行自我谴责。

【应对方法】当一个人的内心真的在反省时，便会通过面部表情反映出来，这是一种不自觉的表现。如果遇到不方便向上司表态的问题时，你不妨也咬一咬嘴唇，表明你在听他讲话，或者在自我反省。

有时候，咬一咬嘴唇比说出来的话还管用呢。

（2）抿嘴

【场景】一个紧紧闭着的嘴巴旁边竖着一块牌子，牌子上写着两个大字：决心！

【嘴巴描述】主管将部门员工召集过来，因为有一项重

要的工作要做，特来向他们征求意见。小程刚听完主管所讲的重要工作之后，他的嘴唇便抿了起来，其他人似乎都没有这样的反应。

结果，主管将这项重要工作交给了小程。值得高兴的是，小程没有辜负主管的信任，最后出色地完成了这项工作。

【嘴巴解读】有的人在关键时刻就会将嘴抿成"一"字形，这时候他们的心理活动是这样的：他们已经下定了某种决心。并且，这种人一般比较坚强，有股不达目的誓不罢休的毅力。对某一件事，一旦决定要去做，不管期间要付出多少艰辛，他们都能非常出色地完成。

【应对方法】如果你是做管理工作的，一定要学会怎样通过一个人的下意识动作来识别他的内心所想，而紧抿嘴唇就是一个下意识的动作。

比如，当面对一件重要的事时，那个紧抿嘴唇的人很可能已经在心里下定了决心。这时，你就可以放心地将那件事交给他去办了。

（3）噘嘴

【场景】一张大嘴对一颗心说："我爱你。"那颗心噘着嘴，旁边写的是："我不爱你！"

【嘴巴描述】冯平交了个女朋友，在两人交往了一个月的时候，他暗示女朋友自己想去见见她的父母。女朋友嘴里应着“好呀”，嘴巴却不由自主地噘了起来。

冯平见到女朋友那张噘起的嘴时，知道可能还没到时候，于是打消了去女朋友家的念头。

直到半年后，他们的关系发展到了相当亲密的程度，冯平再次提出想去女朋友家看看她的父母时，这次女朋友高兴得当场跳了起来。同时，冯平看到这次女朋友的嘴不是噘着的，而是笑着的。

【嘴巴解读】人的整个嘴唇往前噘的时候，是一种防卫心理的体现——因为对某人的言行还不是完全了解，所以心里自然地产生了一种防卫反应。

【应对方法】当你提出一个想法时，对方如果噘起了嘴，很可能表示他在犹豫或者不同意。此时，如果你只是按照他话里的意思去做，结果可能不太理想。但是，如果你按照他表情里的意思去做，便会有意外的收获。

7. 视线变化的秘密

视线是眼神的延伸，从某种意义上来说，它比眼神更能

突出人的个性。一个人视线的变化，暗示着他内心的秘密。

在日常交往中，通过观察他人的视线方向和变化，我们也能透视他人的心态。如果你掌握了他人视线变化的规律，就能及时地找出应对方法，从而为自己赢得更大的成功概率。

（1）视线移开

【场景】甲终于在小区门口找到了乙，但乙的眼睛里似乎有一道冰冷的光让他不敢久视，于是只得移开视线。但转念一想："我为什么怕他呢？"于是，他再次迎向了乙的目光，说："你欠我的钱，究竟什么时候还？"

【视线描述】因为新买了套房子，毛小聪走在回家的路上时心里美滋滋的。刚到楼下准备上楼，突然，一个人出现在他的面前，开口就问："你是毛小聪吧？"

毛小聪点点头说："是的。"那人很快便将视线移开了，随后又紧紧盯着毛小聪说："我是你家楼下的住户，你家空调外机的排水管漏了，把我晾在阳台的衣服淋脏了，你说该怎么办吧？"

【视线解读】一般情况下，一个人如果看了别人一眼又很快将视线移开，并且没过多久又将视线定位在那人的身上，那是因为他对对方产生了一种排斥与打压的心理。

他这样做的目的，是想以一种气势来压倒对方，让自己处于主动的位置，让对方处于被动的位置。这样，在接下来的沟通中，他便能以居高临下或者理直气壮的态度达到他的某种目的。

【应对方法】在面对这种情况时，你应该紧紧地盯着对方的脸，这样他便会觉得其实你并不害怕他的挑战。或者说，你早已有了解决方法，只不过还未告诉他而已。接着，他的心情会慢慢地平静下来，这时你可以就事论事地跟他讨论了。

（2）视线倾斜

【场景】一道斜斜的目光，紧紧地"追"着一个漂亮的女生，她却站在十字路口不知所措。

【视线描述】赵艳参加了一场单身俱乐部的活动，她发现有一位男士老是斜着眼睛利用余光偷偷地看她。她不明白对方的心里究竟是怎么想的，于是也变得犹豫不决起来：自己是主动与他交往呢，还是躲开他的目光？

【视线解读】如果以倾斜的视线面对异性，大多表示对对方有着强烈的兴趣。如果与对方并不太亲密，但对他有好感的话，则会尽量地避免与对方的视线接触。在对方没看你时，你会凝视对方；当对方一旦把视线投向你时，你又会迅速地把视线移开。

< 027 >

有的女人心中明明欣赏、爱慕一个男人，却装出一副没看见对方的样子，故意把目光移向别处，但她仍会从眼角偷偷地、迅速地瞥对方一眼。当她微微低下头，用向上翻的视线看对方时，说明她不但对对方有好感，而且还带着一丝撒娇、作嗔的情绪。

【应对方法】对爱与被爱者来说，欣赏、爱慕也是相互的，如果你同样对对方有好感，可以主动与他交往；如果你对他没兴趣，那就远远地躲开好了。

（3）目不转睛

【场景】一个人在面对一双巨大的眼睛时，大喊道："OK，你就是我最诚实的朋友。"那双巨大的眼睛里也放出两道光芒。

【视线描述】有一次，小陈遭到了流言的攻击，心里很受伤。他一共有三个好朋友，分别是吴约、毕华、王盛。他明白，只有这三个好朋友才知道自己的秘密，一定是他们之中的某个人泄露了自己的秘密。如果当面询问，肯定没人承认，小陈为此很是苦恼。

一天，他将自己的心事告诉了大学期间的老师，老师教给了他一个方法。小陈通过这个方法，很快便找到了那个泄密者。

老师告诉小陈，那个目不转睛地盯着你的人，肯定不是泄密者。小陈发现，在以后的谈话中，吴约和王盛总是目不转睛地看着自己，而毕华的眼神却在有意无意地躲着他。于是，小陈断定那个泄密者肯定是毕华。

【视线解读】人们常说："眼睛是心灵的窗户。"从一个人的眼神里能够看出一个人的内心。说话时敢直视你眼睛的人，为人坦诚，做事坦荡，因为他心中对你没隔阂。而那些在说话过程中眼神游离、飘忽躲闪的人，必定是对你有意见或者有误会。

【应对方法】在面对像小陈的这种情况时，虽然无法肯定谁是泄密者，但通过了解谁是诚实者也同样可以找出泄密者——泄密者由于心虚肯定不敢直视你的。

8. 鼻子的 "小动作"

一个人的五官有不同的姿态，它们代表着不同的性格。而鼻子的重要性不亚于眉眼——它也可以反映一个人的内在品质。一个人的内心所想，也许其他器官没暴露出来，但会被鼻子出卖。

（1）触摸鼻子

【场景】一个人用一根手指头触摸自己的鼻子，一群人用无数根指头指着他的鼻子说："你在说谎！"

【行为描述】有这样一个案例比较具有代表性：王某曾因为一次偷盗事件向法官陈述证词，法官发现他说真话时很少摸自己的鼻子，但只要一撒谎，他的眉头就会在谎言出口之前不经意地微微一皱，而且每四分钟摸一次鼻子。

法官还发现，在陈述证词期间，王某不自觉地摸鼻子达到了数十次之多。

【鼻子解读】一个人频繁地摸鼻子，如果不是因为紧张，那就一定是在说谎。

通常而言，人们在说谎时，一种名为儿茶酚胺的化学物质就会被释放出来，从而引起鼻腔内部的细胞肿胀，这就是人们说谎时喜欢触摸鼻子的原因。虽然说谎的人有时只是触碰一下，那是他不想让别人知道他在说谎，故而用摸鼻子的动作来掩饰。

也就是说，这些动作都是下意识的举动。一个人在说话时摸鼻子，意味着他在掩饰自己的谎话；而一个聆听者做这种手势，则说明他对说话者的话语表示怀疑。

【应对方法】我们在测试一个人是不是在说谎时，注意力主要应该放在他的鼻子上，如果他有此行为，便能判断他在说谎。

　　一般来说，只要明白了一个人在说谎，就一定能从他的谎话中找到漏洞。这时，我们便可以利用谎言中的漏洞引导对方说出实话。不过，我们还应牢记一点，摸鼻子的手势需要结合其他肢体语言来进行解读，比如有时候人们做出这个动作，只是因为花粉过敏或者患了感冒。

（2）耸鼻

　　【场景】 一个人不停地耸鼻子，鼻子越耸越高，都快要耸到天上去了，周围的人得仰视才能看到。

　　【行为描述】 这段时间，邹玲跟父母闹了点情绪，就开始耸鼻子了。以前，每次只要父母一骂她，她便会耸鼻子。后来，她就形成了习惯，只要一听到父母的批评和指责，她就要耸鼻子，而且父母骂得越厉害，她耸鼻子也越厉害。

　　耸鼻子的动作严重地影响了邹玲的学习和生活，这让她很苦恼。

　　【鼻子解读】 据科学家做的实验结果表明，耸鼻子是生气的一种表现。一个人在受了气而没处撒的情况下，就会自然而然地耸鼻子。而且，他越是生气，或者说越是感到委屈，鼻子也耸得越厉害。

【应对方法】面对这种情况，最好的处理办法就是从源头开始分析并加以解决——找到闹别扭的源头，让双方的意见尽快地统一起来，尽量不发生争吵。这样，耸鼻子的习惯就会慢慢地消失。

（3）吸鼻子

【场景】一只鼻子被人从水里捞上来后，大吸了一口气说："啊，真轻松！"

【行为描述】朱雷刚大学毕业，在一家编程公司实习。最近，他注意到这样一个现象：只要老板一出办公室，他就会不由自主地用力吸一下鼻子。坐在旁边的同事也很是疑惑，常问他："你是不是感冒了？感冒了就赶紧去看看。"

【鼻子解读】一般情况下，用力吸鼻子是感冒的症状。但是，当它发生在特定环境下时便是心理活动了，比如，小朱的这种情况应该属于放松，而不是感冒。因为，老板在办公室时他感受到了心理压力，所以只要老板走出办公室，那种压力也就消失了。

这种人天生胆小，还略有些自卑。在这里，吸鼻子完全是一个习惯性动作，但要想改正这个习惯，首先得消除自己内心对老板的恐惧——心里没了压力，自然也就不会再吸鼻子了。

【应对方法】针对胆小而自卑的人，适时地夸奖和赞扬能提高他的自信。特别是当他在工作上做出了一些成绩后，上司对他的肯定能激发他潜在的工作能力。

9. 用点头和摇头来"催促"对方

在日常交往中，点头和摇头通常用来表示同意和不同意。但是，只需要将点头和摇头稍作改变，比如加快速度，或者将两者连续放在一起使用，它们的意义马上就变了——这不再单纯是一种肯定或否定的行为语言，还能产生一种"催促"对方的作用，并且目的是用来削弱对方的自信。

（1）以快速点头的方式来催促

【场景】一个人不停地点着头，另一个人口若悬河地说着什么……

【行为描述】一天周末，小王正准备出门，突然来了一个不速之客。偏偏那人又是个话篓子，小王想尽快结束谈话，于是不停地点头。那人看到小王的样子，马上结束谈话

< 033 >

并告退了。

【行为解读】快速点头的动作能传达出"你说得太对了""我十分同意你的观点"等非常肯定的意思。但是，有时候这也可能是在告诉说话的人"我听得很不耐烦，你不要再说了"，尤其是配合着"我知道啦"等语言时。另外，这也有催促之意，即催促说话者快点结束发言。

注意，如果听者不但点头速度很快，而且点头频率很高，并伴有"嗯嗯""好好"的回答，那么，一般来讲，他对你的谈话不是很感兴趣，希望你快点闭嘴。

【应对方法】对于那种你不感兴趣的话题，以快速点头的方式来催促别人结束谈话，比直接告诉对方你对他的话不感兴趣要好得多。

（2）以快速摇头的方式来催促

【场景】一个人快速摇头，因为用力过猛，将一只耳朵贴在了他身边的一面墙壁上。

【行为描述】小东去跟上司请示工作，发现上司可能另有要事要办，因为他发现上司在快速地摇头。小东赶紧请示了工作，果然，上司痛快地答应把任务交给他。小东退出来之后想：这可真是个好办法呀。

后来，小东便观察起上司来，发现对方用快速摇头的方式来催促自己时，自己便马上将那些在平时较难批准的事说出来，效果竟然非常好。

【行为解读】人在点头的时候不一定代表肯定，在摇头的时候也不一定代表否定。小幅度的摇头有时候代表害羞，但持续不断地快速摇头则表示催促。

【应对方法】快速摇头能够催促对方，使对方尽快说出他想说的话，同时，也需要注意别人利用你在催促他的时候钻空子。

（3）既点头又摇头

【场景】一个人一会儿点头，一会儿摇头，另一个人用放大镜对着他："我想看看，你究竟想耍什么花招！"

【行为描述】阿强与一个客户谈合同，那个客户想试探他的底儿，他却不说话，只是一会儿摇头，一会儿点头。对方见状，显得非常焦急，于是一股脑儿地将自己的情况全盘托出了。

【行为解读】既点头又摇头，一般表示举棋不定，但如果连续这样，那就是催促对方的意思。当对方说出否定的意见时，你可以跟着他说"不不不"，并伴随摇头；当对方说出肯定的意见时，你可以说"对对对"，并伴随点头。这样，对方肯定会认为你已经不耐烦了。

【应对方法】这种方法能让对方产生不耐烦和不自信的心理，从而快点结束谈话。但这种方法不能经常使用，因为这很容易让人看出你是在耍手段。

< 036 >

第二章

闻声识人，通过语言交流识人

《红楼梦》里说："世事洞明皆学问，人情练达即文章。"这副对联流传广泛，而且常常被大家用来"教导"他人。

其实，大多数人都懂，学问不完全是从书本上得来的，要从世事中去体察，从实践中去总结——毕竟实践出真知。只有不断地认识社会、丰富阅历，你才能积累知识、增长见识，在实践中得到真正的学问。否则，你很难走向成熟，也不可能在社会上站住脚跟。

社会之所以复杂，主要是因为人心复杂。要想知道一个人心里到底在想什么，你就要学会察言观色。那么，怎么做呢？

很简单，所谓"察言"，就是在与人交谈时，你不光要用耳朵注意听，还要用心去听——听出对方的弦外之音。

此外，在听人说话或自己说话时，你还要用眼睛观察对方的表情、动作，从而判断自己该如何说、如何做。这就是观色。

善于察言观色的人不仅能洞悉他人的心思，还能做出令人满意的回应。有的人性格敏感，总能轻易地看出别人的情绪反应，这是他们与生俱来的能力。不过，这种能力并非不可学习与培养——知己知彼，做事时才能百战百胜。

1. 察言是识人的关键

在人际交往中有一种基本技巧，那就是察言。所谓察言，就是辨别对方语言中的真情与假意，也就是我们常说的聆听弦外之音。

有的人习惯说反话，有的人习惯说正话，有的人说话时喜欢藏头，有的人说话时喜欢去尾。不管怎么说，一句话既然从你的口中说出了，那么就一定有它存在的意义——哪怕是聊天，也代表着一个人的内心活动。此时，如果你能察觉对方的画外音，便可以了解他的内心所想。

（1）正话反说

【场景】一位虎背熊腰的老板对一名纤瘦而矮小的员工说："你太厉害了！怎么不一口将我给吃了？"员工得意地说："您太大了，我真的吃不下啊！"

【语言描述】小章是一名新员工，一次给公司接收一批货物，结果不小心将接货单给弄丢了。公司领导对他说："你做得不错，但你怎么不将那批货也一起给弄丢了呢？"

【语言解读】很显然，小章的领导并不是真的希望小章将那批货弄丢，他是在责怪小章不应该将接货单遗失。通常来说，这样正话反说的人不是上级就是身份地位较高的人，或者至少是平级，而下级对上级这样说话的很少见。

所谓"正话反说"，其实就是责备、怪罪的意思，只是对方的态度并不严厉。如果犯了重大错误的话，可就不是正话反说能解决得了的了。

一般来说，喜欢正话反说的人性格比较急躁，但心地善良，也就是我们常说的"刀子嘴，豆腐心"。他虽然说得比较严重，但很快就会原谅你的过错。

【应对方法】面对喜欢正话反说的人，你可不能将他的话当真。此时，只要你不吭声，不与他争论，然后默默地改正自己的行为就可以了。

（2）欲言又止

【场景】丙喊了丁一声，丁问："干什么？"丙说："不干什么，没事喊着玩不行吗？"

【语言描述】大学毕业后李虹就去了外资的一家公司工作。公司制度非常严苛，应届毕业生要在公司实习一年才会择优录取转正。

这天，李虹正在办公桌前整理资料时，同事刘霞突然走过来，兴奋地对她说："李虹……"李虹赶紧起身问："什么事啊？"刘霞却连连摆手说："哦，没事、没事……"她转身便走了，弄得李虹莫名其妙。

后来，当李虹去上厕所时，刘霞这才走过来说："刚才我想跟你说一件事，我听说主管要把你转为正式员工了——刚才小王在你边上，主管好像打算辞退他，我不方便当着他的面跟你说……"

【语言解读】欲言又止，意思是想说但又不方便说，所以不得不停止。善于欲言又止的人，都是很聪明的人，他懂得在什么场合应该说什么话——凡事总是将分寸把握得很好，不管在什么时候，他都不会坏你的事。

【应对方法】当一个人对你欲言又止时，注意，千万不能逼着人家说出来，因为他很可能有隐情。但如果你非逼着

< 040 >

人家说的话，很可能对你或者对别人都不利。此时，不如就当他没说，等到以后再找机会跟他问个明白。

（3）滔滔不绝

【场景】一张口若悬河的嘴巴，正在滔滔不绝地说着话，嘴巴里不断地往外流口水。另一个人试图拿口袋去接他的口水，但口水却从他的口袋里漏出来了。

【语言描述】老王说起话来总是滔滔不绝，有一次他跟好友老张去餐馆吃饭，不知不觉便说起自己跟妻子闹别扭的事。因为他的声音很大，其他餐桌上的人都用奇怪的眼神往这边看。

老张也一再暗示老王，让他不要说下去了。但老王好像没看见似的，仍然在滔滔不绝地说着。

【语言解读】喜欢滔滔不绝说话的人，常常会不顾他人的感受，也不顾场合——凡是自己想说的话，就会毫不犹豫地说出来。这种人性格直爽，但心眼不坏，跟他们交往时，只要他们觉得你的事值得帮助，一定会坚持帮到底。

【应对方法】遇上这样的人，如果有什么需要保密的事，千万不能跟他说，不然全世界的人都会知道。

2. 特性气质不同的人，言谈表现也不同

不同特性气质的人，言谈表现也不同。我们在注意一个人的言谈时，还应该结合其特性气质来加以分析，这样更能准确无误地了解他们的内心所想。

比如，特性气质端庄的人，言谈表现多成熟；特性气质活泼的人，言谈表现多幽默；而特性气质萎靡的人，言谈表现多涣散。

（1）老成慎言型

【场景】一张一本正经的脸上，突然飞来一只蚊子，弄得那张脸哭也不是，笑也不是。

【气质描述】老何是公司的元老，每天都把头发梳得一丝不乱，尽管自己已经成了"地中海"；衣服也穿得很整洁，尽管都是老款式。

老何一般不会轻易开口说话，但只要他一说话，必定掷地有声。

< 042 >

【言谈解读】其实，像老何这样的人，尽管大多数时候他说的话都是正确的，但并不是每句话都正确。最难分辨的就是，如果他说错了话，也会因为他那股子威严的特性气质吓得别人不敢反驳。

【应对方法】这种人天生就有一种气场，只要他一出现，便能震慑住所有人。所以，在与他交往的时候，不管他说什么，你首先得表示支持。

如果你发现他确实错了，可以找个机会单独跟他谈，这样既不会冒犯他的威严，又能让他及时改正错误。一般情况下，他都会接受你的意见，因为敢跟他提意见的人并不多，所以他很需要听到真实的声音，也许你的表现会让他从此对你刮目相看。

（2）快人快语型

【场景】一张夸张的笑脸上挂着两根金条。

【气质描述】苏姗天天打扮得跟个明星似的，什么衣服时尚便穿什么衣服，一出场就有一种惊艳的感觉。有时候，她还会在下班后或者闲暇时给同事变魔术，逗得大家哈哈大笑。平时说起话来，她也是快人快语。

【言谈解读】虽然苏姗说的话不一定有多少价值，但因为她头脑极其聪明，并且能很快接受新鲜事物，所以很多时

< 043 >

候她讲话都能一针见血。

【应对方法】这种人不缺朋友，但缺真正的支持者。如果你能从他多如砂粒的话语中找出"金子"来，并告诉他你很欣赏那些"金子"，那么在今后的日子里，他献给你的"金子"会越来越多。

（3）前言不搭后语型

【场景】一个人梦游似的对另一个人说："我告诉你一个秘密……"

【气质描述】陈凯是一个懒散的人，发型、服装都不修边幅。他也不太爱说话，因为他说什么总是前言不搭后语，还一副没睡醒、胡言乱语的样子。

有一次，领导问陈凯对工作有什么建议或者意见。他想了想，说公司的食堂口味不太好，过了一会儿又说，自己家门口的那条路还没有修好。哼叽了半天，他也没说出一句有建设性的话来。

【言谈解读】这种人如果不是存在心理障碍，便是没有清晰的逻辑思维能力，这可能与日常生活中的环境以及自身性格、行为因素等有关。

【应对方法】要想走进这种人的内心，就需要多次单独跟他相处。因为，在公众场合，他是一个不受欢迎的人，所以当你单独跟他相处时，他才会回到自己的本来面目中来。
你只要把握好了他的这种心理状态，并表示你需要他，就一
定会得到他的全力相助。

3. 不同的话题，反映出人们不同的兴趣与思想

如果你仔细观察就会发现，很多人都有自己固定的话
题。有的喜欢谈文学，有的喜欢谈足球，有的喜欢谈经济，
有的喜欢谈穿着打扮，有的喜欢谈房子车子，有的喜欢谈自
己的孩子……不同的话题反映出人们不同的兴趣爱好，更反
映出不同的思想。

（1）体育话题

【场景】一个足球被泡在口水里，一个劲儿地喊"救命"。

【话题描述】小钟只要一有时间就会跟人谈足球，尽管
他并不会踢足球，但他对足球知识了如指掌。并且，每次谈
足球时，他都会达到一种忘我的境界。

【话题解读】喜欢体育的人，一般都比较活跃，并且有

着某种坚定的信念。哪怕他从来不参加体育运动，也具备那种不屈不挠的体育精神，只要他想做一件事，不管它在众人眼里有没有价值，他都会按照自己的方式把它做到最好。

【应对方法】与这种人交往时，你首先得尊重他感兴趣的话题——你可以跟他谈论他喜欢的话题，这样能让他更快地接受你。但值得注意的是，你不能总是去谈他的话题，尽管你这样做他会很高兴，但会对你不利，时间长了你就会被他给"套"进去。

你需要在他的话题之外加一些自己的话题，这样来引导他参与到你的话题之中。一旦他对你的话题与你这个人产生了兴趣，他会不计报酬地帮助你、支持你。

（2）时事新闻话题

【场景】一个大喇叭上面写着"新闻联播"四个字，喇叭后面，一个人在用力地吹气。

【话题描述】宋帆有一个外号叫"新闻时事通"，因为不管国际国内，只要是最新发生的事，他没有不知道的。并且，他的话里也总是离不开那些时事新闻里的字眼。

如果有人说起哪些单位不景气，他便说这是金融危机惹的祸。如果有人说菜价怎么又涨了，他立即会说，CPI又不知道会上升多少。

< 046 >

【话题解读】一般而言，喜欢时事新闻的人对未来有着某种隐隐的担忧，所以总是希望能从时事新闻里找到了解未来、把握未来的良方。因而，这种人天生多疑，比较缺乏安全感。

但也正是因为多疑、缺乏安全感，所以他们又是有进取心的人，不管干什么事，他们都会显得非常积极主动。他们的兴趣还非常广泛，与人交往时从来不缺少话题，并且话题都很新鲜，不会让人感到沉闷和枯燥。

【应对方法】跟这种人打交道，你几乎不需要开口说话，只需要静静地听他讲就可以了。跟他合作时，你也会感觉很轻松，因为他早就将目标、行动方案都做好了。

但由于他总是缺乏安全感，哪怕他做的方案已经十分完美了，心里仍然会感觉不踏实。此时，你只需要不断地鼓励他就可以了。

（3）家庭话题

【场景】一个系着围裙的男人，左手抱着孩子，右手在给老婆捶背，一只脚还踩着块拖布在擦地板，但还是一脸幸福的样子。

【话题描述】最值得老熊炫耀的就是他的儿子，只要一闲下来，他就会跟人谈论儿子——不管是儿子聪明好学又考

了第一名，还是跟人打架、逃学后挨了他一巴掌，他都讲得津津有味。并且，每天一下班，他会立刻买菜回家帮老婆做饭，饭后还洗碗。

【话题解读】这种人的兴趣爱好不多，是一个爱家、恋家的人。他们心性善良，老实本分，办事稳重、可靠，对任何人都没有攻击性。但他缺少进取心，很容易安于现状。

【应对方法】由于这种人没什么心计，跟他交往并不难，只要是小事都可以放心地交给他去做，而他也一定会不负所托，将你交代的事办理得妥妥当当。但在大事上，他便把握不准方向了。

4. 留意对方语速的快慢

一个人说话语速的快慢、缓急，也反映着他的心理状态。人所处的环境不同，说话的语气也会不同——朋友间闲聊时会用一种舒缓、休闲的语速来交流，面对上司时会用一种正规、严肃的语速来表达自己的看法……

当然，每个人都有自己固定的语速，如果一个平时口若悬河的人突然变得吞吞吐吐，那他可能有事瞒着对方；一个

< 048 >

平时谈笑自如、幽默风趣的人，在自己喜欢的人面前可能会变得不知所措、含糊其辞。

（1）语速快的人

【**场景**】一张大嘴里含着一挺机关枪，机关枪正在不停地扫射，但射出来的是唾沫……

【**语速描述**】小雷说话太快了，人送外号"机关枪"，只要他说话，根本没有别人插嘴的机会——除非硬生生地将他打断，不然他肯定会一口气说到底。

一次，小雷因为一件私事去向一位朋友倾诉。从敲门走进朋友的家门起，朋友只说过"请进"两个字，其他时间全都是小雷一个人在讲。小雷一口气说了几个小时，朋友也等不到插嘴的机会，最后还是他的妻子下班回来了，小雷才打住话头，告辞而去。

【**语速解读**】这种人性格比较外向，思维敏捷，能说会道，在交际场上能如鱼得水，很容易达到自己的目的。但这类人性格较暴躁、易怒，常常一意孤行，也藏不住秘密。

【**应对方法**】遇到这种人，不能总让他讲个不停，应该适时地打断他的话，并往你感兴趣的话题上引导。但在引导的过程中，应该避免与他发生冲突，也就是说，如果他在跟你讲一件重要的事，你要耐着性子听他讲完；如果他讲的事

并不是很重要，你可以迅速打断他的话。

（2）语速较慢的人

【场景】一只巨大的蜗牛将前面的路挡得死死的，一只小兔子在后面急得满头大汗。

【语速描述】老李说话总是不紧不慢，即使有比较紧急的事，别人都急得不行了，他也照样雷打不动地用自己那种独有的语速叙述给别人听。

一次，厂里的一批产品被查出了质量问题，因为老李是送货员，只有他了解验收货物的具体情况。当他回到厂子后，全厂职工都焦急地等着他的消息，而他则像说书人那样有条不紊地从头说起，不到最后关头，就是不说出重点所在。

当终于听到"这批货问题不大，最后还是通过了验收"后，大家这才长出了一口气。他们都怪老李为什么不早说这句话，让他们白着急一场！

【语速解读】这种说话不紧不慢的人就是典型的慢性子，他们大多温柔、善良，富有同情心。他们思维缜密，原则性很强，但思想保守，做事缺乏魄力，拿不定主意。

【应对方法】与慢性子的人交往，不需要担心会遭到算计。一般情况下，较为紧急的事能够交给别人去办的，尽量不要交给他去办。如果是非得他亲自去办不可的紧急事，也得第一时间告诉他重点所在，这样才能引起他的重视。比如，他的家人遇车祸了，不能委婉地告诉他，而要直说。

（3）突然转变语速的人

【场景】一个急转弯的箭头，上面贴着"有电危险"的字样。

【语速描述】小康平时是一个伶牙俐齿、语速很快的人，可那天当他见到同事小李时却变得吞吞吐吐了，说话也前言不搭后语。后来，小李才知道原来是小康去老板那里打了自己的小报告，一时心虚，不敢面对自己。

【语速解读】如果平时说话缓慢的人突然变得快了起来，那么他可能是因为某事对别人有些不满或者做了什么坏事。比如，瞒着对方做了对不起对方的事，此时，他说话的内容往往不太准确。

最常见的情况是，A问B："这件事是你干的吗？"这时，B会突然语速很快地说一些别的事；或者，他明明在快速地说着话，但当遇到上面的问题时，他会突然变得结巴起来。通过他的这些反应，你可以辨别他是否做过这件事。

【应对方法】一个人忽然转变语速，是一种不由自主的行为。面对这种情况，不要急着回应他的话，不管他怎么转移话题，你都要耐心地等他说完。当他发现你在冷静地等着

他的解释时，心里便会显得无比慌乱，不久便会露出破绽。

这时，你再结合当时的情形，仔细分辨后可以一针见血地指出他的弱点所在，真相也就会水落石出。

5. 听一听对方的声调

声音可以表现一个人的性格和人品，透过对方的声调去了解他，有助于提升我们的人际交往。当我们从其他方面无法掌握对方的心态时，往往可从声调上体验他情绪的波动。

可以说，声音是洞察人心的线索，音调的变化可以体现一个人的心理活动，反映出他最真实的一面。

（1）低声细气的人

【场景】一只蚊子趴在一个人的耳朵边大喊了一声，那人反问道："你在说什么？我听不清！"

【声调描述】不管跟什么人说话，朱子祥总是低声细气的，好像在说悄悄话一样——有时候，即使是面对面说话，别人还是听不太清他在说些什么。

有一回，他想跟领导提一提自己调岗的事，结果跟领导谈了很久，领导也没明白他的意思。后来，领导将他调到了另外一个部门，他才知道领导根本就没有听清他在说什么，并由此而误会了他的意思。

【声调解读】这种人大多性格内向，办事、说话慢条斯理，一直优柔寡断、缺乏自信。虽然他们渴望表达自己的观念，但因顾及周遭的情况而压抑自己的感情，所以从不轻易透露自己的深层想法。

【应对方法】与这种人交往，一定要提高警惕。因为，一般人无法走进他们的内心，与他们交流比较困难，也很容易被误解，从而得罪他们，所以要小心他们暗地里对你进行报复。

比如，平时只要是与他们有关的事，尽量少发言或者不发言。需要当着别人的面谈论他们时，只能说好话，不能说坏话。

（2）根据对象改变声音的人

【场景】一个人正在张大嘴高声唱歌，当看到一只鸟比他唱得好听时，他的歌声一下子从高八度降到了低八度。

【声调描述】那天，张大林正在跟自己的邻居大声说话，突然遇到了一个人，他便马上跑过去跟人家打招呼。邻

居发现，张大林跟那个人说话时，声音一下子变得轻柔了起来，后来才明白那个人是张大林的上司。

【声调解读】这类人处世圆滑，懂得迎合对方，"见人说人话，见鬼说鬼话"，因而能在职场上如鱼得水。他们面对上司时低声下气，十分顺从，见到同事时又是另一副嘴脸。遇到地位和待遇不如自己的人，他们会立刻变得趾高气扬，不可一世。

这类人性格中的自卑感和攻击性以及办事能力都很强。

【应对方法】要想与这种人深入交往，你得容忍他的一些小缺点。比如，他喜欢唠叨，你就认真地听——不管他说的对不对，只要不涉及原则性问题，你都要表示同意，让他感觉你对他很顺从。

（3）声调探知个性

【场景】一只小鸟对一只雄鹰说："我好崇拜你哟。"雄鹰马上用翅膀将小鸟"保护"了起来。

【声调描述】向建兵很幽默，经常在办公室给同事们讲笑话。这天中午，向建兵正在给小孙讲故事，小孙正听得津津有味，忽然发觉向建兵压低了声调，便赶紧表现出一副认真工作的态度。不一会儿，老板就走进了办公室。原来，刚才向建兵看见了老板的身影，所以下意识地压低了声调。

< 054 >

【**声调解读**】当我们无法从对方的表情、动作、言辞掌握其心态时，可以通过声调来判断对方的情绪变化。

比如，在公司里，甲在上一秒钟还嘻嘻哈哈的，可下一秒钟就降低了声调，这说明他很可能看到了领导；乙是个活泼开朗的人，这天声调突然变得低沉、有气无力，说明他情绪不佳，可能遇到了什么烦心事；丙说话的声调突然变高、语速加快，则说明他现在很急躁。

在交谈过程中，注意对方声调的高低，掌握对方的情绪变化，能够帮助你更得人心。

【**应对方法**】对方的声调低沉，说明他情绪低落，你可以适时安慰几句，这个时候他往往会记住你的人情；声调变高、语速加快，说明对方情绪急躁，你可以暂时回避，沟通时语言要简练，因为情绪急躁的人很容易与他人发生口角。

6. 口头禅最能见人性

一个人的口头禅，往往是在下意识的状态下脱口而出。正是因为口头禅无法刻意地说出来，所以它能反映一个人的思想、性格和习惯。

通过解读一个人的口头禅，我们可以较为轻松地去认识、了解他，然后针对他的思想、性格与他交往、合作。

（1）"都是骗人的"

【场景】一个商贩在向另一个人兜售白菜，那个人头也不回地说："骗人的。"

【口头禅描述】张嫚有一句时常念叨的口头禅："都是骗人的！"一次，朋友王小娴约她去商场买打折衣服，她想都没想就说："都是骗人的！"

本来，王小娴想解释："商场近期在做活动，最低折扣打两折，通知都贴出来了，那还有假？"但当她看到张嫚那张写满了怀疑的脸时，马上失去了解释的心思。

【口头禅解读】难道世界上的每一件事都是骗人的吗？每一个人也都是狡猾的吗？事实上，一切都是张嫚自以为是。"都是骗人的"，这句口头禅说明她性格多疑而偏执，不会轻易相信别人。

再往深里去分析，张嫚性格上很可能具有某些偏激性格的特点，她认为他人说的话都是骗人的，其实自己的世界观就是："世界就是充满谎言的地方。"由于这种人敏感、多疑，所以一般人很难进入他们的内心世界。

【应对方法】多疑的人大多都遭受过一些挫折，你可以想办法找到他遭受挫折的原因，并帮助他消除心里的阴影。这样，你便能够得到他的真心相待了。

（2）"不是"

【场景】一个人对另一个人说："你想听听我的意见吗？"另一个人说："不是！"

【口头禅描述】白先生有一句口头禅："不是！"不管跟谁交谈，"不是"是他说得最多的一句话。一天，白先生与一位朋友聊天，半个多小时过去了，朋友对他开玩笑说："你半个小时内就说了二十几个'不是'，可见你对我这位朋友不太认可啊。"

【口头禅解读】白先生这种人，都是喜欢坚持己见的人，同时他们还具有喜欢贬低别人的特点。所以，"不是"这句口头禅的深意是："你说得都不对，你得听我的！"

这种性格的人往往善于进行判断和决策，也擅长领导别人，所以他们往往喜欢跟比自己能力低的人相处。不过，他们这样做虽然能满足自己的心理需求，但也会给自己带来疲劳感。

【应对方法】如果你真心想和这种人交往，在做任何决定之前都要先征求他的意见，千万不能让他的宝贵意见深埋在心里，否则他就会感到失落。如果他的意见是错的，你要

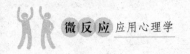

跟他分析原因，并让他意识到究竟错在了哪里。

你只有充分尊重他，他才会用真心来回报你。

（3）"我不行"

【场景】一个人对另一个人说："我不行。"而另一个人却对他说："你能行！"

【口头禅描述】方嘉有一句口头禅："我不行。"有一次，朋友请他去吃饭，他脱口就说："我不行。"朋友哈哈大笑地说："你连吃饭也不行？"方嘉一着急，连忙说："我真的不行！"

【口头禅解读】这种人谨小慎微，且自我评价不高，做什么事都害怕做错。他们总是贬低自己，可能源于生活经历，比如，他们在幼年时期遭到亲人、老师、朋友的长期性负面评价，久而久之，他们就认同了别人的评价。这种情况还会使他们在现实生活中逐渐变得没自信，以使自己符合"我不行"的预设。

【应对方法】在与这种人交往时，当听到他说"我不行"时，你就要鼓励他："你能行！"时间长了，他就会变得自信起来。

7. 反复"攻击"对方没提防的小问题

无论多么强大、谨慎的人，也有他不会提防的小问题。如果你能及时地抓住他的小问题进行"攻击"，那么，很多看似重大的事很可能一击而溃。

在人际交往中，只要你善于反复"攻击"对方没提防的小问题，你就能永远处于不败之地。

（1）威胁必须到位

【场景】男人："美女，我们交个朋友吧。"女人："我的男朋友可是拳击冠军哦……"

【行为描述】王琳的丈夫是海员，长期漂泊在外，她感到孤独无依，白天上班还好说，一到晚上便焦躁不安。

为了消磨时光，她报考了业余兴趣培训班。第一次上课，她发现丈夫的中学同学陈某也坐在教室里。陈某与丈夫相处得不错，她因此跟他亲近了起来。可没料到，陈某却暗暗打起了她的主意来。

< 059 >

王琳觉察到陈某的动机不良，十分严肃地对他说："俗话说，'朋友之妻不可欺'，你是我丈夫的朋友，他平时对你那么好，你怎么能这样做呢？"

但陈某似乎并不在意，依然骚扰王琳。

王琳计上心来，于是对他说："要是我告诉我丈夫你在追求我，不知他会对你怎么样？"

陈某一听，这才大惊失色："你可千万别告诉他！"

【没设防解读】一味地恭维、捧场会被人欺负，所以有时候就必须在捧场、恭维中夹杂"恐"字，这才能让对方明白你也不是好欺负的。比如，男性在纠缠女性时，一般说来总有或多或少的顾虑。如果你要把他从权威的宝座上硬拉下来，他就会担心事情败露影响到他的声誉，从而屈服于你的"威胁"。

【应对方法】聪明的女子要时刻不畏恐吓，还要敢于"恐吓"对方，找出他的弱点，将后果向他言明，先在心理上将他打倒，从而促使他收回原意。如果他不太明白，可以反复进行"威胁"。

（2）摆好架势，震慑对手

【场景】一只麻雀连连前进，一条猎狗却连连后退……

【行为描述】在双方对垒时，人的形体动作也是增强信心的一种武器。屠格涅夫的散文《麻雀》写了这样一个故事：一只小麻雀从树上掉了下来，草地上的猎狗看见后便跑了过去。这时，麻雀妈妈立即从树上飞下来，它张开全身的羽毛，以一副生气的模样挡在小麻雀面前——猎狗竟然被麻雀妈妈吓得呆住了。

【没设防解读】在谈判中，如果语言已经用尽，或者已经无法用语言将对方压倒，可以适当地摆出一种无畏的姿势来。你可以用眼睛紧紧地盯着对方，或用手托着下巴定定地看着对方的某个部位。

这些动作主要是为了告诉对方，你有足够的能力达到某种目的。如果对方感觉害怕，你还可以反复使用这些姿势，直到对方妥协为止。

【应对方法】值得注意的是，这些姿势仅仅限于双方已经进入僵局状态时使用，不然有可能会让人误会你是一个傲慢和富有攻击性的人。

（3）小声反复"攻击"别人的弱点

【场景】一个人指着草丛："嘘，那里有一条蛇。"蛇吓得赶紧爬了出来："你是在说我吗？"

【行为描述】一般来说，导致两个人争吵最凶的往往是存在痛点的事，这样可以选出痛点为突破口，一举击败对方。

< 061 >

一名税务人员接到举报，去查封一家偷税的烟店。税务人员一开口，烟店老板就大声指责税务人员偏听偏信，并大骂同行嫉妒他、诬陷他。

税务人员从丰富的工作经验中得出判断：越是这种人，越有问题。于是，他没与烟店老板正面冲突，只平淡地丢下一句："你先别吵，这种事我们办得多了，心中有数的。"

烟店老板马上不说话了。接着，税务人员又轻声地对同事说："过几天我们来查查再说吧。"其实，表面上税务人员是在与同事沟通，实际上是故意说给烟店老板听的。

烟店老板听了这话越发摸不到底，当天晚上，他用一辆小货车打算把库房里的香烟转移。结果，他被潜伏在附近的税务人员当场查获。

【没设防解读】开会时声音大的人占上风，但想以理服人的话，大声说话反而会引起反效果。因为，越是大喊大叫，对方听起来越觉得那是强迫式的。如果想说服别人，小声说话才是上策，这样对方也比较容易打开心房。

低声讲话容易使人信服，因为它能显示说话人坚定的信心，而且没有虚张声势的嫌疑。

【应对方法】遇到这种情况，只需要使用打草惊蛇式的"恐吓"，就能让对方就范。但如果太过的话，对方不但不会害怕，还会在心理上对你产生怀疑和防范。

第三章

习与性成，通过行为、习惯识人

身体语言也被称为肢体语言，包括一个人的动作、习惯、面部表情、目光、呼吸声、身体与身体之间的距离和触碰，这些微动作可以传递许多难以用语言表达的信息。

据了解，人类能够识别的面部表情就多达 7000 多种，而肢体语言就更多了，比如坐势、走势、惯用手、声调等，不胜枚举。正是因为肢体语言有着如此大的魔力，所以值得人们研究并加以利用。

有关科学家深入研究后发现，一个人要想完整地表达自己的思想，他的语言信息只占了不到 7%，声音、腔调则占了 38%，而另外 55% 的信息都要用肢体语言来传达。也就是说，这是传达信息的一种非语言表达方式。

肢体语言是一个人在潜意识的支配下产生的举动，完全

不受思想的控制，因此它没有任何欺骗性——它所反映的完全是一个人内心最真实的想法。

因此，如果我们能熟练地掌握这一本领，在与他人交往和沟通时，哪怕不说话，只需要通过观察、了解对方的肢体动作，就能快速地探知他的内心所想——他的秘密也就在你面前一览无余了。

1. 小动作识人术

如果仔细观察你会发现，许多人在闲暇无聊之际，主要是读书、看电视、打电话、聊天时，会不经意地做出许多小动作，而这些不经意的小动作也会透露一个人的内心活动。

（1）喜欢抖脚的人

【场景】一只蚂蚁一个劲儿地往一个人的脚面上爬，可那个人的脚一直在抖动。蚂蚁纳闷了："这人怎么老是跟我过不去呢？"

【动作描述】小曾坐着没事时总是喜欢抖脚。一次，他趴在桌子上想午休一会儿，因为一时间睡不着，便开始抖脚。同事一看，吓得不行，还以为他得了疟疾在打摆子呢。

【习惯解读】这种人性格单纯，善恶分明，没有心机，不记仇，说不定刚刚还在数落你的不是，过一会儿就会若无其事地赞许你的英明。但是，这种人分不清事情的轻重缓急，做任何事情都只有三分钟热度——兴趣来时激情似火，兴趣退了冷若冰霜，让人不放心与他交往。

【应对方法】由于这种人过于单纯，经常会口无遮拦，在与其交往时你要小心祸从口出。只要把握好这一点，相信你们的交往会变得更加顺畅。

（2）喜欢玩头发的人

【场景】一个人死死地揪着自己的一撮头发，头发大喊："这可是你自己的头发哟，你难道就不怕痛吗？"

【动作描述】杨海没事时就喜欢玩自己的头发。而且，他的头发不算短，加上长得秀气，常被人误会成女生。为此，连他的父母也常喊他"丫头"。

有一次，杨海去餐馆吃饭，一名服务员走过来，开口便问："小姐，请问您需要点些什么？"杨海莫名其妙地望着服务员，服务员这才发现杨海竟然是个大男人。

【习惯解读】这种人具有双重性格——既有很强的优越

感，同时又有强烈的自卑感。对于爱情，他们有着过高的期望，不会轻易去追求别人，也不会轻易接受别人的感情，所以常会被人误解为高傲、冷漠的人。

【应对方法】这类人总是给人一种距离感，要想与他交往，首先得让他对你充分信任起来。比如，他有困难时，你可以主动去帮助他。虽然有时候你会遭到他的拒绝，但下次如果他又遇到了困难，你仍然热心地去帮助他，这时他就会对你敞开心胸。

（3）喜欢涂鸦的人

【场景】一个人在墙壁上画画，突然，一只鸟从他的面前飞过，那人大吃一惊："没想到我只不过是随手一画，便将一只鸟画活了！"

【动作描述】一次，公司开会，老总讲得唾沫横飞，但不少人在下面悄悄讲话，只有张智拿着一支笔在认真地写着。老总很高兴，同时也想批评一下那些小声讲话的人，于是便让张智将自己的会议笔记拿给大家看一下。

没想到，张智根本就没有做记录，他只不过是有这么个习惯而已，没事时他喜欢随手拿支笔到处涂鸦。有人问他在画什么，他才回过神来："我在画什么呢？"原来，他只不过是画着玩呢，并不想画什么。

【习惯解读】这种人有着很好的自制力，能控制好自己的情绪。他们大多性格淳朴，甚至有时会给人幼稚的感觉。他们保守、内向，为人平和，喜欢大自然和自由，就连发泄情绪也会选择一种比较优雅的方式。但是，他们大多优柔寡断，对过去的事会一直耿耿于怀。

【应对方法】如果这种人当众提出了一个建议，你得马上表示赞同，这样可以增强他的自信心与果断办事的能力——不然，时间一长，他就会变得更加犹豫不决。有时候，如果你发现某个方案有误，事后还要细心地与他沟通。

2. 握手习惯识人

握手是人们在交往中最常用到的肢体语言。生活中，我们会与各种各样的人打交道，这就避免不了要与人握手。一般情况下，两个人见面后，基本上还未等开口说话，就会先把手递过来握握。而握手不仅能向对方表示友好，还可以交流情感，加深双方的理解和信任。

如果你细心观察就会发现，很多人握手的方式都不相同，而我们也可通过分析对方握手的姿势了解他的性格。可

见，握手在人际交往中起着重要的作用。

（1）大力水手型

【场景】两只手正在用力地握着，彼此的手指都被握变形了，有几大滴汗水从指缝间滴出，地上湿了一片。

【行为描述】大学毕业后张小飞到一家大公司上班，跟每一位新同事打招呼、握手时，他都用同一种方式——用力地握住对方的手。即便后来大家都很熟了，张小飞跟同事打招呼时仍然保持这种握手的习惯。

男同事往往也会用力地回握。女同事则因为力气小，第一次与张小飞握手就"上了当"，一个个甩着被捏痛了的玉手——再见到他伸出的"友谊之手"都吓得绕道而行，还认定他是个有暴力倾向的人。

【习惯解读】用力握手也是一门学问，握手越用力越能给对方留下深刻的印象。而喜欢用力握手的人，性格坦率热情、坚强且开朗，有较强的表现欲，与之交往不费心机，是一件很开心的事。

但如果力气过大，甚至让人感到疼痛，多半说明对方自负、逞强，渴望被征服。这类人遇事往往爱钻牛角尖，一旦遭受打击还容易走极端。

【应对方法】遇到有人跟你用力握手时，最好的做法就是用力地回握过去，这样才能避免自己处于下风。

在与这种人交往时，或者说面对一些实质性问题时，应该及时抓住他的"强势"心理，无论是在面子上还是在情绪上，都要给予他照顾。你给足了他面子，他的心态也就好了，这样一来，你交给他办的事自然也会进展得很顺利。

（2）仓促型

【场景】在两只待握的手中间，有一道闪电。

【行为描述】阿斌去合作单位谈合同，热情地与对方握手时，结果人家只是与他紧紧一握就松开了。

【习惯解读】握手紧而快的人，头脑聪明、为人友善，善于与人周旋，在生意场上能如鱼得水。但这种人容易多疑，难以完全信任他人。如果握手快且力度很轻，显得敷衍了事，则表明对方性格软弱或情绪低落。

【应对方法】在与这样的人交往时，就需要通过观察他的脸色来洞悉他的所思所想。如果他面带微笑、表情轻松，说明他心情很好，此时可以与他进行生意上的谈判，成功的概率也更大；如果他面色灰暗，说明他遇到了什么不愉快的事或者身体不适，此时就不适合深入交谈，可以先说点轻松的话题，以此打开对方的心门。

（3）持续作战式

【场景】两只手紧紧相握，天上的月亮睡着了，瓶子里插着的玫瑰花也凋零了。

【行为描述】小罗刚调到新部门工作，他跟同事们热情地握手、打招呼。其中，有一位同事握住他的手不松，他感到很为难，不知道这时候自己是应该用力抽回来，还是继续让人家这样握着。

【习惯解读】正常情况下，一个人握手时间过长，表明他对对方很感兴趣，想与之进行深入的交流。但如果他眉毛上扬，则说明内心产生了挑衅的想法——因为十指连心，手的较量也是心的较量。

此时，如果被握的一方先收手，说明他没耐力，那么，在日后的工作与交往中对方还会发起更大的挑战。

与这种人握手时，你可以一边握着他的手，一边询问。如果开始时他的手掌干燥，证明他是真心想与你交流。如果中途他的手掌突然冒出汗来，说明那一刻他心中有"鬼"，对你很不服气。在日后的交往中，你一定要及时树立起自己的威信，凭真本事让他心服口服。

【应对方法】如果对方是你的新同事、新朋友，当他握着你的手不放时，就让他爱握多久就握多久吧——用你的热

< 070 >

情去回应他的热情。

但对方若是一个挑战者，比如曾经跟你发生过不愉快的人，你就得用力回握过去，或者用力抽出手来，尽量用你的气势去压倒他——就算你力不如人，他也能从你的气势上感到你的不服软。

（4）变化力气型

【场景】一个女人与一个男人握手后，女人问男人："你没吃饭吗？"男人说："吃了呀。"女人又问："那你为什么一点力气都没有呢？"

【行为描述】阿勇与男士握手时喜欢用力，但与女人握手时不敢用力，他生怕将人家握痛了，因为以前他就将一位女同事的手握痛过，后来那位同事再也不敢跟他握手了。

可是，有一次，一位女客户却说他不够真诚，因为他在握着她的手时一点力气都没有。这让阿勇很迷惑。

【习惯解读】在人际交往中，不要因为对方是女人，你就不用力握手，可能你会觉得这是对女人的尊重，其实不然。你一定要用力地握住对方的手，不要马上松开，保持一到两秒钟的时间，这样才会让对方对你有一种信任感。

【应对方法】与女士握手时，一定要注意分寸，不要用力过度，也不能完全不用力。

3. 语言习惯识人

　　语言是人类最重要的交际工具，无论是求职、谈生意、谈恋爱等，为了能够与对方进行良好的沟通，必须表达流利、用词得当，不犯语法错误，并且言之有物。所以，养成良好的语言习惯非常重要。

　　除此之外，说话方式也十分重要，比如发音清晰、语调得体、声音自然、音量适中等。当然，养成良好的语言习惯，也不是一朝一夕的事。因此，从现在开始，我们就要改掉日常生活中一些不良的语言习惯，而去培养良好的语言习惯。

（1）发音不清晰

　　【场景】一只耳朵为了能够听清别人的话，竟然伸长到了对方的嘴巴处。

　　【行为描述】刘伟说话的时候经常发音不太清晰，旁人听不清楚时，会让他重复一两遍，后来干脆也就懒得让他重复了，即使没听懂也会装作听懂了似的"嗯""啊"几声。

< 072 >

渐渐地，刘伟说话也少了。

【习惯解读】发音清晰、咬字准确，对一般人来说都不是问题。像刘伟这种情况，可能存在自卑心理，害怕自己说不好，于是说话时吐字不清，久而久之就形成了习惯。如此下去，他很容易产生消极心理，这对工作和生活都不利。

另外，还有一小部分人可能是由于发音器官的缺陷，个别音素发不准曾遭到过他人的嘲笑，因而害怕与人交往，甚至产生了很大的抵触心理，使得发音更加不清晰了。这种人性格比较弱势，一般不会对人产生攻击行为。

【应对方法】在与这样的人交往时，得具有较强的耐心，第一次没有听懂，可以反复询问，直到完全理解他的意思为止。并且，你明白了他的意思之后，还得尽量满足他的要求，并尽可能地帮助他。久而久之，他就会对你产生信任感，同时也会对你付出真心。

（2）音量过大

【场景】某个人因为嗓门太大，他说话时导致一棵大树树叶倒立，浑身长出了刺。

【行为描述】章华的嗓门很大，在同事或朋友的眼里，他说话就如同打雷，大家便在背地里叫他"老雷"。那天，章华在一名新同事身后突然开口说话，把新同事吓了一跳。

< 073 >

他也意识到了自己的失礼，马上连声说"对不起"。没想到，他的几声"对不起"又把新同事给吓了一跳。

【习惯解读】大嗓门可能与一个人从小生长的语言环境有关，一般而言，父母嗓门比较大，孩子也会形成大嗓门。

其实，大嗓门就是说话时音量过大。正常环境下，说话时音调尽量不要太高，这样不仅不失自我，又能表达自己的真情实感，且听起来真切、自然，有利于缓解情绪。

相对来说，这类人性格豪爽，喜欢直来直去，但往往又以自我为中心，容易忽略他人的感受。原本，他说的话是出于好意，却因为音量过大而不能准确地将情感表达出来，在他人听来就变了"味儿"。结果，这样会直接导致对方不领情，甚至还会误解，从而影响彼此的心情。

【应对方法】与大嗓门的人交往，只需注意一点，他大声说话的时候，你就尽量放低声音。当他听不清你在说什么的时候，他就会发现自己声音过大，于是就不由自主地把音调降下来了。久而久之，他发现你这是在为他好时，他会非常感激你，并将你当成好朋友，当你有需要时，他也会全力帮助你。

（3）语调不得体

【场景】一个人对另一个人说："我今天心情不好。"

另一个人心不在焉地问道："是吧？"

【行为描述】A 与 B 一起逛街，A 接了一个电话，是老家的妈妈打来的。说完，A 脸色沉重，不言语了。B 问道："发生什么事了吗？"A 答道："我妈不小心把脚扭伤了。"B 似乎有点怀疑地问："是吗？"A 的脸色更难看了。

【习惯解读】无论是哪种语言，对各种句式都有语调规范。有些句子用不同的语调处理，可以表达不同的感情，收到不同的效果。

一般而言，人都会习惯性地用"是吗"这个问句。比如，某人遇到一件高兴的事，对方问"是吗"，表示惊讶的意思，充分体现了兴奋的心情。反之，则有怀疑、嘲讽等意思。如果对方情绪低落，这样说不但没有任何安慰的效果，反而还会让他觉得你不够真诚，对朋友心不在焉。

这类人因为经常使用这种质疑性语言，给人以缺乏同情心、做事不严谨，以及很滑头、不值得信任的感觉，也容易激发他人的厌恶情绪。但是，这种人的性格虽然有点散漫，但内心是和善的、不具攻击性的，他们不过是习惯性地使用了不正确的语言而已。

【应对方法】当你与这些人交往，特别是需要他提出具体意见时，你就要适时地提醒他，让他知道自己的意见对你很重要，以便他用心地做出正确判断。

< 075 >

4. 写字习惯识人

所谓写字的习惯，其实就是一个人的笔迹，也称手迹。不同的人必然会有不同的笔迹，它能反映出不同书写者的个性特征。因为，无论是生理还是心理因素，甚至包括身体、外表，都对字迹有影响。

有的人压力大，有的人压力小，于是所反应的触觉也不一样，在白纸上留下的笔迹必然也会不同。

通常而言，人们通过字迹识人时，都会从字体的力度、结构和整洁度三方面来看，光凭某一项识人，可能会缺乏准确度。

（1）书写力度看意志

【场景】一张纸在发怒："啊呀，为什么这么用力扎我，这是写字，又不是打针！"

【行为描述】公司招聘新职员，人事主管正在仔细地翻看应聘人员的面试问答卷，只见一张张问答卷上的字迹各不相同。有的人字迹写得很重，纸都快划破了；有的字迹则写得很轻，生怕对不起纸似的。

【**习惯解读**】一般来说，那些写字力度重的人，精力充沛、意志坚强，做事有主见、有恒心、有毅力、有胆魄，敢于迎难而上，很难受他人影响。而那些写字力度较轻的人，性格随和、顺从、谦虚、谨慎，处事灵活，并且积极、好动、易兴奋，有可塑性。

【**应对方法**】与那些写字力度较重的人交往，凡事需要多问问他的意见，这样他会认为你对他足够重视。哪怕你的方案再好，也得先征求他的意见，然后跟他统一意见。

而与那些写字力度较轻的人交往，凡事你得拿出一个方案来，这样可以保证事情会顺利地进展下去。因为他们的性格随和，所以在重要事情上不会轻易拿主意。

（2）字体结构看人格

【**场景**】一张纸上写满了密密麻麻的字，并且字伸长了"脖子"大喊："糟了，我的耳朵被挤掉了！"

【**行为描述**】年底，分公司要向客户和总公司寄一批贺卡，让小张和小吴两人负责填写。年后，因为贺卡上的字写得好，小张竟然得到了提升。

公司总部收到了贺卡时，便顺藤摸瓜地了解到了小张的

情况，而且认为能够写出这么端正字体的人，一定是个有能力的人。所以，总部派人对小张进行了考察，在发现他确实是个人才后，于是提拔了他。

【习惯解读】通常，人们将字体结构分为两种类型。一种为结构严谨型：这种字的书写特征是，结构安排得当，笔画完整，上、中、下三部分比例匀称、协调，书写规范。同时，这也能表明写字的人是一位理智、沉稳、务实、考虑问题全面的人。

另一种为结构松散型：字体看起来缺少章法，字形散乱，书写不规范。这表明，习惯于写这种字体的人是一个自控能力差、注意力不集中，粗心、马虎和自由散漫的人。

【应对方法】与字体写得端正的人交往，由于他性格沉着、务实，所以你不必对他说过多的恭维话，他也能将你交代给他的事办好。

与字体写得松散的人交往，由于他本来就是粗心马虎的人，所以你需要时时提醒他，并适当地夸他办事认真负责。这样，时间久了，他便会向着你夸奖他的方向去努力，并慢慢地改掉自身的毛病。

（3）书写整洁度识性格

【场景】一张整洁的试卷平整地铺在桌面上，另一张被涂改得面目全非的试卷则"害羞"地半卷着，蜷缩在桌子上。

【行为描述】面试时，主考官将发下去的试卷收回来后，只见有的试卷字体整洁美观，有的试卷则被涂改得一塌糊涂。主考官将那些书写整洁的试卷全都挑了出来，再一一仔细审阅；而那些被涂改得面目全非的试卷，则看都不看地丢进了废纸篓里。

【习惯解读】书写整洁的人大多注意力集中，能够控制自己的情绪，有较强的自尊心和荣誉感，并较注重自己的言行举止和仪表形象。但如果过分追求外观而忽略了内在，便会有华而不实的嫌疑。

书写时多处涂抹，则说明书写者不修边幅，不拘小节。这种人不注重外表，而崇尚内在的东西。

【应对方法】与书写整洁的人交往，你一定要讲究自己的形象，只有与他保持一致的穿着才有可能接近他，并成为他的好朋友。

但需要注意的是，过于粉饰自己的人，在与他交往时可以多向他灌输——虽然形象非常重要，但内在更加重要的思想，久而久之，他便会变成一个内外兼修的人了。而且，这也能使你们的交往、合作更容易成功。

与书写不够整洁的人交往时，就需要多提醒他注意形象了——适当的时候，还可以为他设计一下具有个性的形象。

5. 付款习惯识人

日常生活中，每天都有很多事依靠"支付"才能摆平，但采用什么样的付款方式在很大程度上是有学问的。

人的性格不同，所采用的付款方式也会不同。换句话说，从一个人的付款方式可以看出他的性格。所以，通过付款习惯识人是一项不可小觑的基本功。

（1）亲自付款

【场景】钱包眉开眼笑："主人每天都将我带在身上，简直太幸福啦！"

【行为描述】每天出门之前，李娜都要检查钱包里是否装有信用卡以及足够当天开销的现金。因为，她喜欢亲自付款，就算朋友暂时想替她付款，她也会感到不安，好像欠了别人天大的人情似的。

有一天，由于忘了带钱包和信用卡，结果导致她在超市里挑选好一堆东西后无法付款。正好，一个朋友遇到了她，并提出替她付款，可她就是不同意，执意先回家拿钱。

【习惯解读】"一手交钱，一手交货"，这种支付方式是大多数人的付款习惯。这类人大多比较传统和保守，偏重于循规蹈矩，对新鲜事物的接受能力也比较弱，总是守着一些过时的东西。

同时，他们存在自卑心理，缺乏冒险精神，对什么事都没安全感——凡事都要亲自参与了才觉得有保障。另外，他们又渴望得到他人的肯定和认同。在钱财方面，他们不愿欠别人的人情，也不喜欢别人向他们借钱。

【应对方法】与这类人打交道时，不到万不得已不要轻易开口向他们借钱，因为他们没有借钱给别人的习惯。但彼此关系很不错，而且知根知底的话，偶尔可以为之——只是必须在限定的时间内将钱还了，不然他们从此就会对你失去信任。

（2）拖拖拉拉

【场景】钱包躲在一个阴暗的角落里问道："主人，什么时候才能带我出去见人啊？"

【行为描述】大刘出门时很少带钱包，喝酒、买烟等都是到楼下的小饭馆、小卖部赊账。店主们每次见了他，都要催他结账，他也总是能为自己找个借口拖着。店主们只好无奈地再找机会催他。

【习惯解读】抱有"能拖多久就拖多久"心理的人，他们喜欢占便宜，而且为人自私、没有责任感，缺乏公平的观念，总是想着自己少付出或是不付出就能得到最大的回报。如果有机会，他们还可能会把账单推给别人支付。

经常为自己找借口开脱的人，抵抗挫折的能力不强，遇事容易胆怯、退缩。一般情况下，他们不会轻易去关心和帮助别人，对人虽不冷淡，但也不热情。在钱财方面，他们不愿借给别人钱，却经常向他人开口借钱。

【应对方法】与这类人打交道，你得管好自己的钱包，一旦他开口向你借钱，你就马上向他诉苦，说你的收入低、负担重。这样，他也就不好意思向你借钱了。

（3）网银支付、手机支付

【场景】一根网线上包扎着人民币，电脑屏幕上显示：正在支付中……

【行为描述】大海喜欢网购，因为不需要跟人讨价还价，省时又省力。无论是买衣服还是买书，只需跟网店客服说清楚，一切就搞定了。

有一次，他的女朋友想拉着他去外面逛街，同时也满足一下逛街购物的消费欲望，可他就是不愿意去。他还极力地劝女朋友也网购，女朋友一气之下，跟他提分手，所幸后来没真的分手。

【习惯解读】习惯采用网银支付或手机支付的人，虽然容易接受并懂得利用新鲜事物，但同时也喜欢"宅"在家里。这类人性格爽朗、为人真诚，不爱斤斤计较。但由于对某些东西的依赖性很强，他们常常会丧失一些主动权而受控于人。除此之外，他们对他人有很强的信任感，做事不会拖泥带水。

在钱财方面，他们不是很看重，相对比较大方，从来不希望自己欠他人的，而认为他人倒是可以欠自己的。

如果关系不错，只要他有钱，即便是大数目，他也会很爽快地借给别人。到了还钱期限，如果还没收到对方的还款，他也不会催。要是他遇到了困难，不得不跟你借了钱后，他也会尽早地还给你。

【应对方法】与这种人交往时，你可以试着改变他的一些习惯，诱惑他多参加户外活动，比如去外面钓鱼、爬山。时间长了，他就喜欢往外面跑了。只要改变了他喜欢"宅"在家里的习惯，其他方面也会逐渐得到改善。

6. 握杯习惯识人

握杯是日常生活中出现得比较频繁的一个小动作，比如，亲朋好友聚会、公司聚餐、陪客户吃饭等，大家都会做出握杯子、举杯子的动作。

不同的握杯子、举杯子的方式，可以表现出人们不同的性格。我们不妨从他们的习惯中透视他们的性格，然后根据不同的性格选择不同的话题。这样一来，我们不但可以活跃气氛，还可以促进彼此之间的感情。

（1）手握杯身

【场景】一只杯子上全是唇印，还在向人们抛媚眼。

【行为描述】亲戚给阿兰介绍了个男友，两人约好在某咖啡馆见面。其间，阿兰一直细心留意着对方的一举一动，想看看他是否值得交往。喝饮料时，只见他手握玻璃杯的底部。阿兰心里觉得怪怪的，具体是什么原因她也说不清楚。

【习惯解读】将手握在杯子上端的人，说明他老谋深算，平时看似只对朋友、同事间的聚会感兴趣，实则不然。因为，他们深谋远虑的个性使自己对爱情总是抱着比较谨慎的态度。

如果手握杯子的中央，说明他很纯情，用情也非常专一，谈起恋爱来会不顾一切。

手握杯子底部的人，则天生是乐天派：男人喜欢跟哥们儿坐在一起，喝着小酒谈天说地；女人喜欢约三五个闺密一起喝红酒或品咖啡，同时议论不同类型的男人。这类人不喜欢被约束，渴望与众多异性同时交往。

【应对方法】与手握杯子上部和中部的人谈恋爱，只要你真心对他，他也会真心对你。与手握杯底的人谈恋爱，你需要有跟他一样的兴趣爱好才行，这样，你才能"看牢"他，而他也会因为身边有人看着而不敢"违规"。

（2）双手紧握

【场景】一只杯子被握得变形了，痛苦得直掉眼泪。

【行为描述】小丽在喝水或饮料的时候，总喜欢用两只手紧紧地握住杯身。在别人看来，这样的动作很是吃力，而她却习以为常，周围的人对此很是不解。有人建议她用一只手握杯子，但不知不觉中，她又会变成双手握杯子。

【习惯解读】喝水时两只手紧紧地握住杯身的人，性格

一般冷酷无情。这种人最喜欢看人家落寞寡欢的样子，因为他们本身也是孤独的。不过，要特别注意的是，这类人极易走入"精神自虐"的死胡同。

【应对方法】其实，那些孤独的人也很向往与朋友相处的快乐，只是一直以来他们被自己给局限住了，一时很难走出来。如果你是他的朋友，最好帮他走出一个人的世界，让他融入人群中，多交一些朋友。

（3）边喝边晃

【场景】一只杯子晕倒了，两眼翻白。

【行为描述】易先生喝酒时，习惯一只手将酒杯晃来晃去，另一只手拿着香烟吸，自我感觉良好。

有一次，他的女朋友将他手里的烟给没收了，他将杯中的酒晃荡了一番后，居然掏出随身携带的一支笔来继续"吸"。他说，不这么做，他就会觉得浑身不自在。

【习惯解读】可以看出，易先生是一个想象力丰富的人，同时他还相当悲观，甚至存在自虐倾向。这种人性格很顽固，一向吃软不吃硬。另外，他的思想性很强，不易受他人支配——他认定的事，不易被他人改变。

【应对方法】面对这类人时，你千万不要企图指使他们为你做这做那，他们一般很少会买你的账。作为朋友，你需要做的就是尽一切可能为他排忧解难，相信你为他所做的一切在打动他的同时，也已经将他的心"收买"，甚至会瓦解他原有的坚硬外壳。

7. 驾车习惯识人

一个人的开车习惯会透露出他的性格特点，因为人们控制汽车的方式与控制身体的方式有相似之处，所以，我们可以通过不同人的开车习惯来认识他们的性格特点。有的人开车快，有的人开车慢，也有的人开车时快时慢，这些都能反映出他们的内心活动。

（1）冲动型驾驶员

【场景】一辆车"屁股"都着火了，车主却还在猛加油："小样，不信我就追不上你！"

【行为描述】在驾驶途中，常常因为与其他司机斗气，不是把车身刮花了，就是超速被交警抓到，这让罗华本来就不好的心情变得更加糟糕了。每次，他都会抱怨说："要不

是那家伙挑衅，我才不会这么倒霉……"

【习惯解读】这类人是急性子，有很强的行动力，处理事情也非常果断。他们往往能够严格要求自己，一旦有人打破他们的规律，或令他们打破自己的规律，他们就会感到很气愤。

这种人喜欢冒险，但做事不够认真仔细，经常出现由于性子急躁、遇事不冷静而导致的错误，事后也会深感自责。在行车过程中，他们容易被对方不礼貌的行为激怒，一旦被激怒了，他们会做出危险的报复行动。

【应对方法】与这类人交往，应尽量避免激怒他，如果话题发生分歧，可换个话题引开他的注意力，等他情绪稳定后再谈正事。这样做，不仅有利于双方保持良好的心态，还有利于谈话和工作的顺利进行。

（2）蜗牛型驾驶员

【场景】面对四通八达的道路，一辆貌似蜗牛的车子自言自语地说："晕！我这是要去哪儿呢？"

【行为描述】小吴开车很慢，即使是很短的路程，他都不能在指定的时间内赶到，这让约会对象常常等得很不耐烦，甚至会拂袖而去。

一次，女朋友约他面谈他们之间出现的感情问题，原本

< 088 >

只需要 10 分钟的路程，他居然开了半个小时。女朋友以为他不及时赴约是因为已经不在乎她了，结果最后真的导致了两人的分手。

【习惯解读】蜗牛型驾驶员属于典型的慢性子，操作动作稳定自如，行车中不急躁。他们不开快车，车速具有较强的节奏性，不容易受到外界的干扰，能严格地执行交通规则。

这种人看上去比较严肃、抑郁和固执，心胸也比较狭窄，思想不容易被人左右，做事认真、严谨，不爱说话，朋友也少，但非常热爱、珍惜生活。

【应对方法】这类慢性子且严谨的人，当面对选择性意见时，他需要思考的时间会比较长，常常拿不定主意。

当你与他交换意见时，可以直接给他一条心动的方案——在没有对比的情况下，他反而会爽快地拍板，给你一句痛快话："你说怎么好，就怎么办吧。"这样更有利于提高工作效率。

如果让他单独完成某项工作，要是能在质的基础上再增加效率的话，那就相当完美了。

（3）求稳型驾驶员

【场景】在一条狭窄的道路上，一辆车对停在一边的另一辆车说："哥们儿，你先过吧！"

【行为描述】陆先生开车多年从没出过大的安全事故，而且乐于助人——无论是在公司同事还是左邻右舍的嘴里，他的口碑都相当好。

有一次，陆先生开车经过一条待修的土路，因为刚刚下了一场雨，结果有一辆车因刹车发生了爆胎。他看到后马上过去帮忙，很快就给那辆车换上了备胎。事后，对方拿出300元想表示感谢，陆先生想都没想就拒绝了。

【习惯解读】这类驾驶员反应较快，动作敏捷，处理情况准确，行车中能坚持礼让，并乐于帮助其他驾驶员，为他们解决困难——遇紧急情况时，也能迅速采取措施。

但这种人在开车途中的平顺性会随着情绪的变化而有较大的波动，车速时快时慢。另外，他们心地善良、心胸开阔、为人豪爽，在人际交往中不会给他人压迫感。可是，他们虽然从不犯大错，但时常会出现小纰漏。

【应对方法】与这类人交往，会给人一种轻松感。如果你与对方谈合同，可以选择一些幽默的话题，那样可以促进合作。反之，如果话题很严肃，那种氛围会让他有种呼吸困难的感觉，从而会令他产生逆反心理。

由于这种人做事较粗心，对细节不是很在意，你可以从合同中的细节里捡到一些"便宜"。

8. 打电话习惯识人

在日常生活中，我们的言行举止最能体现一个人的性格特征，而通过打电话也可以粗略地判断一个人的性格。一般而言，男性打电话的习惯性动作比较少，而女性的习惯性动作就五花八门了。当然，从打电话的不同习惯中，我们也可以大致了解这类人的性格。

（1）两只手拿话筒

【场景】话筒委屈地喊着："喂，干吗用两只手捧住我？我有那么胖吗？"

【行为描述】小可打电话时习惯用两只手拿着话筒——即便是用手机，一只手握住机身，另一只手也要来帮衬着，给人一种手机似乎很重的感觉。

有一次，小可又在打电话，朋友见她两只手拿手机的样子很好笑，便悄悄地从后面将她的另一只手拉开了，结果手机竟然掉在了地上。小可立刻就生气了，朋友也没想到会发

生这样的事，觉得很是尴尬。

【习惯解读】这样打电话的女性，很可能是深受宠爱的独生女，她们容易受到别人的影响，尤其是在谈恋爱期间会因伴侣而发生改变——一旦心中爱慕某位男性，她们就会立刻展开积极、大胆甚至想都没想过的行动。由于比较自负，很多时候她们容易陷入单恋状态，这种情况会令周围的朋友非常担心。

这类人比较固执，具有依赖性，也爱浪漫，爱幻想，而且凡事爱钻牛角尖。如果她们经过很久才下定决心要做一件事，谁都无法改变。

【应对方法】虽然这种人没什么坏心眼，但与她们相处还是比较麻烦，特别是与你存在工作关系时——最好是除了工作，不要与她们谈什么友谊，否则对方一旦把你瞄准为暗恋对象，便会一发不可收拾。

面对她们在工作上的态度，以"软"碰硬可能效果会更好，因为她们比较情绪化。在心情低落的时候，她们往往拿不定主意，这时你可以采取强硬手法以气势将其镇住，让对方没有时间犹豫，以此来达到你的目的。

（2）距离耳朵比较远

【场景】话筒百思不解地看着使用者，并在心里说："干吗离我那么远，你认为我会非礼你吗？"

【行为描述】莉雅打电话时尽管总是礼貌地笑着，却将话筒拿得很远，没有碰到耳朵，自然离嘴巴更远了。旁边的人时常奇怪地看着她，质疑她的真诚度。

一次，主管看到莉雅那种打电话的姿势，一下子就不高兴了。为了让她改正，主管便提出：谁如果再这样打电话，只要发现一次就罚款50元。到了月底，莉雅算了一下，发现自己的工资要被罚光了——幸好主管只是说说，不然她下个月的生活费都成问题了。

【习惯解读】这类人在打电话时一只手握住话筒的下方，而且离耳朵比较远，可以解读为：他们的自尊心、自我意识比较强，好恶鲜明，往往具有强烈的支配欲，讨厌接受别人的命令，渴望对新事物的挑战，非常具有行动力和社交能力，常常希望自己成为众人瞩目的焦点。

这类女性通常适合从事演员、模特、空姐、电视主持人等职业，虽然她们有着跟男性一样好强的一面，但当心仪的男性出现时，她们会脱掉不可一世的铠甲，一切都以对方为主。所以，她们的真诚是发自内心的，不必怀疑。

【应对方法】如果选择恋爱对象的话，这种女性很不错。但在工作方面，她们是比较难对付的一类人，因为她们一向喜欢以女强人自居，不但头脑灵活，个性鲜明，而且想要占得先机，所以你就必须变被动为主动。

比如，你可以"欲擒故纵"——先让对方谈条件，然后你再挑刺儿，抓住对方的好强心理，秉持非将你"拿下"不可的心态去对付他。对方或许会在某些方面做出妥协，从而达到自己想要的效果。

（3）握话筒时伸直食指

【**场景**】话筒怒目圆睁，愤怒地喊道："说话就说话吧，干吗老拉人家的脖子？"

【**行为描述**】彤彤使用座机打电话的时候，一只手拿着话筒，将食指伸得直直的，另一只手在不停地扯着电话线，有好几次电话线都被扯到地上了，对此，同事们很是费解。

有一次，公司老总来视察工作，刚好看到彤彤在打电话时将电话线扯到了地上，当即批评她做事毛毛躁躁的，她觉得很是委屈。

【**习惯解读**】这种女性，通常会把自己幻想成爱情电影中的女主角——她们将会由白马王子来守护。这一点，可以从她们把玩电话线的小动作中看出来。

她们喜欢浪漫，多愁善感，爱流泪。但在眼泪的背后，往往隐藏着她们倔强的性格——哭不是为了示弱，而是在表达对对方的不满，想以眼泪来征服对方。

很多时候，虽然她们不失温柔体贴，不过她们极易情绪化的性格常常会让人很不适应，给人家带来困扰。

【**应对方法**】要想获得这种人的真心，最好每天都打电话问候她，而且她的话会很多，你大可耐心去听，不需要多说——只需要在必要时应答一声就行，她会觉得你很有耐心，很重视她。

倘若不小心惹怒了对方，可多给她一点时间，让她平息心情。在工作上，有什么事尽量先让她将话说完，然后再发表你的意见——这样有利于你们处理好关系，并在合作上取得好的进展。

9. 手机放置习惯识人

当你留意观察周围的人时会发现，不同的人摆放手机的位置都不同，这种区别不仅关乎健康，还体现了手机主人的性格。无论你在谈恋爱、进行商务谈判、与同事交流还是在听领导训话，在某种意义上来说，"找到"手机的位置就是找到了开启大门的"钥匙"，能让你听到对方的心声。

（1）丢在皮包里

【场景】 皮包里非常昏暗，手机躺在包底，它无助地看着拉链，心想："什么时候才能把我放出去呢？"

【行为描述】 很多人都向林佳抱怨过："给你打电话，手机是通的，可就是没人接！"面对抱怨，林佳觉得很不好意思，可事后还是会将手机丢在包里，任凭电话铃声如何卖力地"闹"，她还是听不见。

【习惯解读】 将手机丢在皮包中，意味着不管来的是电话还是短信，主人可能无法在第一时间收到。你想要得到对方的回信，就只能等到手机主人翻皮包查看过后。

这种人有着"不变随缘"的性格，他们"对感情不执不舍，对五欲不拒不贪"，对工作、交友或爱情从不过分强求。这样他们可以避免经历大惊大乐、大悲大喜的感情风浪，心态更加平和；另一方面，他们缺少积极的进取心，遇事畏缩，容易悲观。

【应对方法】 无论是感情、工作上，还是交际中，如果想与这类人保持良好的关系，就一定要积极主动地与对方沟通，寻找或者特意制造合适的机会与他接触，让他愿意了解自己，认同自己的见解与学识，从而达到主动推销自己的效果。

（2）放到皮包边袋中

【场景】手机立在皮包的侧袋中，一脸无奈地问："什么时候我才能与主人近距离接触呢？"

【行为描述】王莹外出时都会把手机放在皮包的侧袋中，无论何时你打她的手机，永远都可以在第一时间听到她亲切的问候，这不仅为她赢得了很多人的好感，也让她成功地把握住了好多机会。

【习惯解读】将手机放在皮包边袋中，既可以避免漏接他人打来的电话，又可以避免手机离自己太近影响到正常生活。

这种人善于随机应变，处世圆滑，交际手腕十分灵活，同时具有亲和力。他们的目标也很明确，知道自己擅长做什么，下一步要做什么。不过，由于他们在生活中很敏感，与人交往时往往会过于理想化和谨慎，所以他们的心理很脆弱，很容易受伤。

【应对方法】要想赢得这种人的好感，一定要多倾听他的诉说，凡事多考虑他的感受。比如，他在向你倾诉的时候，要顺着他的思路往下走，并帮助他分析情况，提出具体的建议——哪怕你的建议他没采用，他也一定会认准你这个朋友。

（3）手机时刻拿在手里

【场景】手机被一只手紧紧攥着，浑身冒汗，发出"SOS"的信号。

【行为描述】凡是给张兰打电话的人，都称赞她总能在第一时间接电话，而这个秘密只有她自己知道——她的手机永远被自己拿在手里，无论是吃饭、上厕所，还是外出逛街，"机不离身"已经成了她的标志。

【习惯解读】将手机拿在手里，明显是缺乏安全感的表现。这样的人性格多疑，对人际关系不容易产生信任感，总是会看到事物悲观消极的一面，也容易与人发生冲突。不过，他们一旦认定某人是自己的朋友之后，就会视他为知己，甘愿为他赴汤蹈火。

【应对方法】这种性格的人最需要认同与陪伴，经常夸奖他，第一时间陪在他身边，能够帮助他消除不安的心理。除此以外，还要鼓励他多交朋友，与各种各样的人接触。最好让他学会自己处理问题，如果处理得当，一定要第一时间给予鼓励、表扬。即使他做事出了差错，也要多体谅他，帮助他找到自己的长处。

< 098 >

10. 站姿看人的习性

坐有坐相，站有站相。这是古人在教育人时经常说的话，因为在古人的眼里，不管是坐还是站都有一个标准。现在，坐姿、站相又有了新的定义，虽然不再有统一的标准，但我们依然能从中了解到一个人的性格特点。

（1）背手站立

【**场景**】一头雄狮两只后脚立起，两只前脚背在后面站在一块石头上，居高临下地望着草原上的其他动物……

【**站姿描述**】凡是熟悉老孙的人都知道，他喜欢背手站立，就是走路，很多时候他也会背着双手。有一次，公司举行跑步比赛，没想到老孙竟然背着双手在跑，滑稽的模样逗得大家哈哈大笑，可老孙不以为然。

【**习性解读**】背手站立、背脊挺直、胸部挺起、双目平视的站姿，会给人以气宇轩昂、心境乐观愉快的印象，属开放型动作。这类人多半自信心很强，喜欢把握局势、掌控

一切。一个人若在人前采取这种姿态，说明他有居高临下的心理。

【应对方法】由于这种人过度自信，所以当两个人的观点不同时，不能强迫对方接受你的观点——哪怕他的观点并不正确，你也得循序渐进地让他改变认知。另外，面对他居高临下的姿态时，你也不要退缩，应该勇敢地迎向他的目光，这样时间长了，他的那种心理自然也就消失了。

（2）哈腰佝偻状站立

【场景】一只猫佝偻着腰，对一只大狼狗说："你别过来哟，我不怕你的！"

【站姿描述】小童平时总是习惯性地哈着腰，佝偻着身子。其实，他完全可以站直身子的，据他的家人讲，他独处时从来不这样，可只要到了公众场所，他又会哈起腰、佝偻起身子。

有一次，公司进行形象特训，导师让大家立正，这时所有人都站得很笔直，只有小童哈着腰。大家顺着导师的目光都向小童看去，他一紧张，腰哈得更厉害了。

【习性解读】哈腰曲背，略现佝偻状站立，属于封锁型动作。这表示出他具有自我防卫、闭锁、消沉的倾向，同时也表明他在精神上处于劣势，有惶惑不安或自我抑制的心境。

< 100 >

【应对方法】这类人自卑心理比较重，需要适时地听到一些鼓励的话。这样，他才会慢慢地走出自己给自己设置的阴影。

（3）双手叉腰而立

【场景】一只猫拦住了一只老鼠，说："你想往哪里逃，不知道我现在已经饿了吗？"

【站姿描述】那天，阿季刚遇到小辉时，他发现小辉马上双手叉腰地站在了自己面前——他不明白小辉这是什么意思。后来，他转念一想，这才恍然大悟：上个月，他跟小辉一起参加了职称评比，他评上了优秀员工，但小辉没评上。

【习性解读】双手叉腰而立，是信念和精神上占绝对优势的表示，属于开放型动作。当然，这是对方在有充足心理准备的情况下做出的动作，如果他对某个人或某件事没做好充足的心理准备，那么他是不会采取这个动作的。

【应对方法】对于这类富有攻击性的动作，需要避其锋芒，然后迂回地沟通。当对方知道你对他并没有恶意时，他很快便会"冰释前嫌"。

11. 走姿看人的习性

以走姿观人，古已有之。人的走姿各种各样，有的人步伐急促，表明他精力充沛、精明能干，适应能力强，敢于面对现实生活中的各种挑战，尤其是凡事考究效率，从不拖泥带水；有的人走路时身体前倾，表明他性格内向、脾气和顺、为人谦虚。

观察一个人怎样走路，并从走姿中透视他的心理，你会感觉妙趣横生。

（1）步伐平缓型

【场景】一个人对另一个人说："你家着火了，快点回去吧！"另一个人说："你总得让我喝完这杯茶吧。"

【走姿描述】老牟走路时总是一副慢吞吞的样子，别人无论说得如何急，他都不在乎，依然按部就班地走自己的路。有一次，眼看就要下雨了，走在老牟后面的人边跑边提醒他快跑，可老牟走路的姿势与速度一点也没变，结果他被

< 102 >

淋成了落汤鸡。

【习性解读】这类人属于现实主义者，他们凡事讲究"三思而后行"，绝不好高骛远。如果他们在职场上得到器重和提拔，也许并不是他们有什么后台，而是他们的那种务实精神给自己创造了有利条件。这种性格的人虽然稳重、能干，但也会因为缺乏创新精神而遭遇失败。

【应对方法】与这类人交往，不能老是在口头上数落他的缺点，因为那样一点效果也没有。你可以适当地让他去参加较为剧烈和稍具冒险性质的运动，这样可以逼迫他加快自己的行事速度，从而避免一些不必要的失败。

当他认识到你是为他好时，他会特别感激你，同时也会让你们的交往变得更加融洽。

（2）军事步伐型

【场景】甲在公园散步，乙跟他打招呼："您这是要去哪儿呀？"甲说："散步呀。"乙却说："我觉得您更像是在进行军事演习。"

【走姿描述】小何走起路来如同上军操，不但步伐整齐，而且双手还会有规则地摆动。一个女同事对小何心生好感，便主动追求他。

小何问女同事为什么喜欢自己，女同事毫不犹豫地说，

因为他当过兵。小何感到很疑惑，就问她是如何知道自己当过兵的。

女同事自豪地说："这谁都看得出来，你走路的姿势与众不同啊！"

小何一下子不吭声了，因为他根本就没当过兵。

【习性解读】这种人意志力较强，只要是他选定了的目标，一般不会因外在因素的变更而受影响。这类人比较"独裁"，有时候会不惜一切手段去达到他的目标。但由于这种人过于激进，往往会出现欲速则不达的情况。

【应对方法】你需要做的就是设法阻止对方激进的脚步，让他明白"三思而后行"的道理。

（3）踱方步型

【场景】一只狗踱着方步走了过来，另一只狗问："官人，你这是要去哪里？"

【走姿描述】小伍喜欢踱着方步走路，远远看去，就像京剧舞台上的官人。因为他不苟言笑，大家不好当面说他，于是在背地里给他送了一个外号——"官人"。

有一次，小伍跟领导一起外出办事，到目的地后，接待方没去跟领导握手，而是直接跑到小伍面前跟他握起手来。小伍赶紧向接待方介绍："这位才是我们的领导。"对方

< 104 >

一愣，虽然当时没说什么，但背过身小声嘀咕道："我怎么觉得你走起路来更像领导呢？"

【习性解读】迈着这种步态的人，不管做什么事都是非常郑重的，他们觉得不管面对任何情况，首先要保持头脑清醒——他们不希望任何带有情绪色彩的东西能左右自己的判断力。

这种人有时也会感觉疲累，但为了维护自己的尊严，他不会轻易地对外人表露心声。虽然别人敬畏他，可当独处时，他就会感觉心情压抑。

【应对方法】与这种人相处，不可谈论那些严肃的话题，可以适当地加入俏皮的语言，这样他的心情会变得开朗起来。同时，他也会认为你对他是真心的，与你交往会让他感觉很开心。

12. 睡姿看人的习性

也许你们朝夕相处，感情十分融洽，可是，你注意到他的习惯性睡姿了吗？

可别小看了这一点，因为从一个人的睡姿可以看出他的

习性来呢！不过，在你注意观察对方时，可不要把他吵醒了——不然，当他知道了这个秘密后，保不准什么时候他也会用这个方法来观察你呢！

（1）肚子朝下，趴着睡

【场景】一只老虎趴在树林里，对一只蚂蚁说："快，去给我抓只兔子来！"

【睡姿描述】大刚习惯趴着睡觉，但因为老是趴着睡不利于消化，所以他得经常去看医生。医生问："你是不是习惯趴着睡觉？"大刚点头说："是啊。"医生便让他改正，可他就是改不了这个习惯。

【习性解读】假如一个人整晚都是趴着睡的，他可能是个心胸狭窄的人，并且很自以为是。他习惯于强迫别人适应自己的需求，认为自己所要的就是别人想要的，不会在乎别人的感受。

【应对方法】与这类人交往，要注意不能什么事老是迁就他。你可以适当违逆他的意思，就算他生气了也没关系。比如，他老是要求你陪他下棋，而你又不想去，此时你完全可以不理会他。

但当他真正需要你帮助的时候，你还得一如既往地帮助他。这样，时间长了，他就会明白你是他真正的朋友——当明白了这一点时，他就会与你交心了。

（2）侧睡，头枕在胳膊上

【场景】一只鸟儿侧着头枕在翅膀上，另一只鸟儿用翅膀拍拍它的头说："喂，坚强点好不好。"

【睡姿描述】小陈喜欢侧睡，并且他还得将头枕在胳膊上睡。他的妻子担心他老是头枕胳膊侧睡会让胳膊受伤，或者患颈椎病，所以当他熟睡后，就会悄悄地将他的胳膊拿开。但没过一会儿，他又回到了原来的睡姿。

【习性解读】与身体蜷缩的睡姿有所不同，这种侧睡的人，一定是温文尔雅、诚恳可爱的人。但是，没什么事是完美无缺的，因为这种人对自己缺乏信心，所以，生活的重心必须从建立坚强的自信开始。

【应对方法】与这类人交往容易，但不容易交心——特别是你的条件比他优越时，他就会远离你。你得主动些，并时不时地求他给你帮些小忙，这样他才有可能产生与你交往下去的决心和信心。

（3）侧睡，躺在一边

【场景】一棵树侧躺在地上，对另一棵站着的树说："虽

然我躺在地上，但我是一条龙。"另一棵树说："什么龙呀，看把你嘚瑟的，你连一条虫都不如，虫子还会爬，你连爬都爬不动！"

【睡姿描述】大强喜欢躺在一边侧睡，如果睡累了，又会转向另一边。但他从来不仰睡或者趴着睡。有一次，他游泳时两只耳朵受了感染，不能侧睡，这可愁坏了他——因为不习惯仰睡和趴着睡，他总是睡不踏实。

【习性解读】这种睡姿可以显示出他是一个有自信的人，生活中能吃苦、有韧性，只要不懈努力，不管做什么事都有可能成功。但这样的人也有缺点，他太容易专注于一件事了——如果这件事并不合适，那就有点麻烦了，很容易让他钻进死胡同里出不来。

【应对方法】与这类人交往，你要真诚对他，一旦他认定你对他不真诚，他就会与你绝交。同样地，如果你真诚待他，他就会把你当成自己一生中最好的朋友。

13. 手势看人的习性

手部的动作习惯也能反映出一个人的心理状况。比如，经常把手指关节弄得啪啪响的人爱故弄玄虚、虚张声势，但这种人性格单纯，实际的攻击力并不强。时常用手拍别人肩膀的人有自负心理，总感觉自己比别人强，或者想告诉你他正处于优势，但他的这种动作并无恶意，只是传递自己对别人的同情或支持。说话时常用手抓头发的人大多有健忘的毛病，自控能力较差，容易情绪化，让行为受到情绪的支配，会时常感到惶恐不安。

（1）两手抱于胸前

【场景】一只兔子被一匹狼追得无路可逃时，遇到了一只老虎。兔子对老虎说："你想得到更多的兔子吗？那么，请你现在就将那匹狼揍一顿吧！"

【手势描述】那天，肖大朋跟同事小吴说话时，小吴发现他两臂抱于胸前，并且还不断地用手指去摸鼻子。小吴当时不明白他的意思，后来竟然发现他想利用自己去攻击别人。从此，小吴留了个心眼，再也不跟肖大朋走得太近了。

【习性解读】这种人不但沉稳，还特别有心机。而且，他们从来不会口不择言，每句话都会经过深思熟虑后才会说出口。

【应对方法】与这种人打交道要特别小心，因为你很难知道他说的那些话是不是真心话。虽然他们的攻击力不强，

< 109 >

却拥有支配别人发动攻击的能力。

（2）手指不停地动弹

【场景】一个人在桌面上弹手指，手指都弹肿了，他还在不停地弹。另一个人拿着一叠文件走过来，说："这些方案可能比桌面还要硬哦！"

【手势描述】小崔路过领导办公室时，看见领导正在那里弹手指，于是，他赶紧将自己早就做好的一份方案交给了领导，没想到领导还真的接受了自己的方案。

【习性解读】一个人的手指若不停地动弹，可能他正处于一种非常紧张的状态中，而且感到无所适从——他是在借这种方式转移注意力，缓解紧张的状态。

【应对方法】用手指轻轻敲击桌面，暗示此人可能正陷入某种苦恼中，或是在思考解决问题的办法，此时最有利于上交你的方案，因为他的犹豫会提高你的方案的参考价值。

（3）说话时指手画脚

【场景】一个人用手做了个"枪"的形状，对另一个人说："打劫，快点将你的隐私说出来。"另一个人说："求你不要让我说隐私，我将所有的存款都给你还不行吗？"

【手势描述】老高说话时喜欢指手画脚，有一次他对着妻子边说话边指指点点，妻子生气地说："别老对着我指指点点，才当了几天科长就这样，要是当了局长那还了得。"这弄得老高莫名其妙，不知道自己错在哪里了。

【习性解读】说话时指手画脚的人，性格一般比较开放，也比较霸道。这种人有猎奇心理，很喜欢探听别人的秘密，并会急不可待地传播出去。

【应对方法】与这类人交往，一定要注意别轻易透露自己的秘密。

第四章

以貌鉴人，通过衣着外表识人

俗话说"人不可貌相，海水不可斗量"。意思是，不要以貌取人。但是，在当今社会，这句话不一定完全正确。

因为"装扮是人的第二层皮肤"，它可以含蓄地、间接地向他人提供一些"信息"，对他人的心理和行为产生影响。

服饰、发型，穿衣款式、搭配等，不仅能反映一个人的职业和修养，同时也能反映出他的个性与心理。如果你懂得"以貌取人"，便比别人多了一分成功的把握。因此，我们不得不重新定义"以貌取人"的价值，并彻底改善自身的人际交往能力。

1. 从服装判断个性

生活中，每个人不一定天天都会穿同一类型的衣服，有时候在不同的场合要穿不同的衣服。

服装可以含蓄地、间接地向他人提供一些"信息"，对他人的心理和行为产生影响。人们交流思想、感情的主要工具是语言，但当语言表达受到限制时，也可以通过服装来传递信息——利用服装向他人做出暗示。

如果仔细观察，我们会发现，其实每个人都偏爱某种类型的衣服——就算他们不注重打扮，也会经常穿同一类型的衣服。因此，当你没有足够的时间与下属沟通时，不妨细心留意一下他们对衣着的偏爱，这样也能从中看出他们的性格来，为以后的沟通打好基础。

（1）套装型

【场景】衣柜里全是套装，衣柜无奈地问道："主人，我都营养不良好久了，可不可以给我换换口味？"

【行为描述】有一天，老板要派两名员工去对方的公司谈业务，一眼便看中了阿华和小丽。因为，阿华穿的是西装，小丽穿的是套裙，很能代表公司形象。

后来，因为成功地谈成了那笔业务，老板很高兴，于是他对阿华和小丽说："就因为你们无意中穿了西装和套裙，我才派了你们去谈业务。你们两人为公司立了一功，应该好好奖励。"

其实，阿华和小丽并不是无意中穿了西装和套裙，而是他们习惯了这种着装。虽然公司没有明文规定员工的衣着类型，但阿华和小丽总是习惯穿着套装上班。

【衣着解读】男士喜欢穿西装，女士喜欢穿套裙，一看就知道他们是做事有条不紊的人——事业永远是他们心中的首选。这类人时间观念强，不喜欢开玩笑，做事也不拖泥带水。

除了敬业，他们还有强烈的好胜心——哪怕再苦再累也不愿意示弱，一定要努力扛着。他们看上去比较严肃，给人一副冷冰冰的感觉。

还有一种情况是，他们所穿的套装一般都是名牌服装。只穿名牌服装的人可分为两种，一种家境富裕，从小娇生惯养养成了傲慢的性格，故而以穿名牌来彰显自己；另一种出生于普通家庭，但喜欢以名牌服装假扮高贵，试图给人一种非富即贵的印象。

这种人自尊心非常强，好面子。事实上，他们最看重的就是业绩带来的回报。同时，因为工作卖力、压力大，他们活得非常累，内心需要安慰和支持。

【应对方法】如果他们的内心感到很累，脸上现出倦容的时候，你能适时地给予他们支持或帮助，他们便会继续为你努力打拼事业，并成为公司里最优秀的员工。

（2）潮流型

【场景】衣柜戴着一副墨镜，骄傲地说："瞧瞧，没有谁比我更潮流了！"

【行为描述】父亲想给希望工程捐款，于是劝儿子小阳也捐一点，可小阳说自己没钱了。父亲觉得非常奇怪：明明刚发工资，怎么就没钱了呢？

原来，小阳是个非常"潮"的年轻人，每个月的工资都花在买衣服上了。这不，刚发工资，他就拿去买了一堆潮流衣服回来。他天天穿得怪里怪气的，亲友很是不解。

【衣着解读】这类人永远走在潮流前沿，不管衣服适不适合自己，总之潮流是什么，他们就跟着穿什么。他们一般不太上进，没什么大的目标，也没什么大的优点，想要突出自己就在衣着打扮上下功夫，以此吸引众人的眼球。他们的自尊心比较强，很需要赢得他人的认同。

【应对方法】要想提高这类人的积极性，赞赏是最好的方法。比如，夸他工作卖力，并给他一些许诺——只要他继续这样好好干，肯定会有一个好前途。此外，还可以适时地夸他是一个富有内涵的人，这样可以让他找到自信，并渐渐地忽略对表面现象的过度关注以及盲从他人的弱点。

（3）休闲型

【场景】衣柜多出两只粗壮有力的胳膊，眉开眼笑地说："俺也做做运动。"

【行为描述】在一次公司聚会上，大家都着装严谨而庄重，只有苏晓穿了一身运动休闲装。没想到，那天她活泼可爱的形象居然被很多人记住了。因为她喜欢运动休闲装，觉得穿起来自由、舒服，无论何时，她整个人看上去都挺阳光、自在，不少朋友、同事都叫她"阳光女侠"。

【衣着解读】经常穿运动装、T恤衫和牛仔裤的人，除了精力充沛之外，他们也比较主动和积极，凡事最讲究方便、快捷，对其他方面没什么特殊要求。

这类人性格开朗，喜欢运动，很有毅力和恒心——即便做什么事失败了，也能在很短时间内振作起来，比如通过旅游之类的休闲方式去改变心情，然后继续去迎接新的挑战。同时，他们也不爱麻烦他人。

他们性格中阳光的一面，从他们的衣着上已经体现了出来，表情上肯定也会有所流露——与这样的人相处，你不会受到约束，会发自内心地产生舒服感。

【应对方法】碰到这样的下属，你应该尽可能地关心他们，他们自然也会接受你，并且加倍对你好——无论在工作上还是生活中，都会非常得力。

（4）华丽型

【场景】一只小鸟指着一条花花绿绿的虫子说："那条虫子好漂亮哦。"鸟妈妈赶紧告诉小鸟："那条虫子有毒，不能吃！"

【服装描述】小丽喜欢穿华丽的服装，在人越多的地方，她便越自我感觉良好。她可不管别人心里怎么想，只要自己能吸引更多的目光就行。

【服装解读】假如衣服的华丽程度很过分，就成了所谓的奇装异服。一般而言，穿奇装异服的人除了自我表现欲极强外，大都有歇斯底里的性格，而且对金钱也有着很强烈的欲望。正是因为表现欲强，这种人具备交际优势。

【应对方法】跟这样的人合作，能让你迅速拓宽视野与交际范围，但由于他对金钱的渴望很大，你得注意他那些"不走正路"的想法，不然很可能功亏一篑。

（5）质朴型

【场景】一只乌鸦的嘴里叼着一颗闪亮的钻石，它问其他乌鸦："你们看我漂亮吗？"

【服装描述】老吴通常穿得非常朴素，偶尔会穿一双高档皮鞋，或者戴一块名牌手表，这让人感觉非常不协调。有一回，在大街上他还被人当成了小偷，因为他的穿着实在太普通，很难让人相信他会拥有那么一块名牌手表。

【服装解读】这类人一般都有些固执，缺乏主体性，他们常常想利用某些醒目之处来掩饰其他的弱点。例如：对自己的面容缺乏自信的女子，会试图以穿迷你裙来转移别人的注意力；秃顶的男士则会穿进口的高档皮鞋，试图以此来减低别人对他头部的注意。

【应对方法】一般情况下，与这样的人打交道时，他都会遵守你们之间的约定——只要你不过分地强调他的弱项，他都能很好地跟你合作。

2. 以色彩识人

从一个人偏爱的颜色中，可以识别他的性格和情绪特点。相应地，从一个人服装的颜色中也可以透视他的心理。每个人都有自己偏爱的颜色，而每种颜色也代表着不同的性格特质。如果你学会了以色彩识人，不需要过多的语言交流，也能了解他人内心的秘密。

（1）红色

【**场景**】一个人问水果店老板："请问：这里卖红色的香蕉吗？"

【**色彩描述**】阿玲最喜欢红色了，她的衣着，不管是衬衫、裤子、裙子，还是皮鞋、凉鞋，几乎都是红色的。有一次，男朋友送了她一件绿色的裙子，她大吵了一顿还不解恨，还说要跟男朋友分手。如果不是男朋友"赔"给了她两条红色的裙子，她肯定不会放过他。

【**色彩解读**】红色代表热烈、喜悦、果敢、奋勇，是活

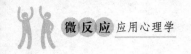

跃的象征，能为你带来生命的活力。生活用品中，喜欢用红色毛巾、手机等，可以调动人们的情绪。食品里，红色的可以增加食欲，如苹果、番茄、红辣椒等。

偏爱红色的人，大多性格活泼、热情、大胆、新潮，对流行的东西反应敏锐，但也容易感情用事，并且还有点浮夸、喜欢吹嘘，有过分追求物质欲望的倾向。

【应对方法】对付这种人，千万不能过分表扬他，可以适时地泼点冷水，这样他的头脑会更加清醒，以便于你们的交往与合作。

（2）绿色

【场景】一只青蛙对天鹅说："嫁给我吧，我可不是癞蛤蟆，我干的可是绿色事业。"

【色彩描述】老汪喜欢穿绿色的衣服，不少人在背地里称他是一只"绿乌龟"，他倒是满不在乎。一次，他老婆听到这个外号后心里来气，就将他所有的绿衣服都扔到了小区的垃圾桶，并给他换了其他颜色的衣服——结果，老汪就是不穿新买的衣服，后来又去买了一堆绿色的衣服回来。

【色彩解读】绿色代表健康与活泼，也是自然界中最常见的一种颜色。一般而言，喜欢绿色的人，大多安分守己，做事严谨，值得信任，他们有着非凡的耐心和强大的实践能

力，在金钱的使用方面也颇有计划，能在稳定中一步一步地
去发展事业。但他们不苟言笑，凡事喜欢按部就班，比较缺
乏感性。

【应对方法】与这样的人合作，事业成功的可能性非常
大。但生活中你们经常在一起的话，你需要用幽默来调节乏
味、枯燥的生活。

（3）紫色

【场景】一朵紫色的喇叭花，张着巨大的喇叭筒喊："卖
花了，有玫瑰、百合……"一个人走过来，说："我要那朵
紫色的。"喇叭花坚定地说："紫色的不卖！"

【色彩描述】莺莺去服装店时，如果服务员给她推荐别
的颜色的衣服，她一律会说："太俗气了。"但当她拿起一
件紫色的衣服时，便会不由自主地往身上套。这时，她才发
现自己身上穿的也是紫色的衣服。

【色彩解读】紫色代表的是浪漫，如果一个女孩子爱穿
紫色的衣服，说明她是一个喜欢浪漫同时也能制造浪漫气氛
的人。偏爱紫色的人大多姿态优雅、富于神秘气质、善于思
考，她们能够掌控自己的情绪，但会给他人一种过于理性、
冷漠、高傲的感觉。

【应对方法】与这样的人交往，一般不太容易走进她的

内心。但如果你一旦获得了她的信任，她便会一生都认定你这个朋友。与她交往时，你只需要多维护她的形象就行了，比如去外贸商店买东西，她明明买不起那件商品，但你不能当着服务员的面明说，你得含蓄地说："我觉得它不太适合你。"

3. 以帽识人

帽子的历史非常悠久，它不但有遮阳、增温等作用，后来还成了一种时髦的装饰品。

虽然同样是戴帽子，但每个人的戴法不同，有的人喜欢用帽檐将额头遮住，有的人喜欢露出额头，有的人喜欢将帽子偏向左右两边……通过一个人戴帽子的姿势，我们可以了解他的性格特点。

（1）将帽檐往上或往后戴，将额头露出来

【场景】一个人端着酒杯，摇摇晃晃地走到镜子前面，说："来，哥们儿，咱们再、再干一杯……"

【**帽子的描述**】小柳总是喜欢将帽子戴在后脑勺上，前面露出一个大额头。有时候，大家看到他那个样子，很担心帽子会从他的脑后掉下去。那是一个有风的日子，小柳和同事一起外出调研，结果风将他的帽子吹落了好几次，同事也劝他将帽子戴正一点，但他将帽子从地上捡起来后，依然戴在了后脑勺上。

【**帽子的解读**】这类人之所以将额头露出来，是因为他们喜欢将自己暴露在外——他们并不在乎众人的目光。这种人性格高傲、自满，并且容易在日常生活中放纵自己。但他们做事缺乏恒心，如果不及时改正缺点，难成大事。

【**应对方法**】这种人很难接受他人的批评，所以你需要潜移默化地改变他。比如，当他放纵自己的时候，你要一本正经地去劝说并坚持以身作则。就拿他打游戏这件事来说，你可以利用这些时间做更有意义的事，比如看书，久而久之，他便会向你学习。

（2）帽子用力向前拉，使眉毛和眼睫毛都被帽檐遮住

【**场景**】一个人将帽子从头上拿下来，向另一个人打招呼，但那个人用帽子将脸遮住了，对打招呼的人无动于衷。

【**帽子的描述**】小何喜欢将帽子戴得很低，有时候连眉毛都被盖住了，如果你不仔细看，甚至连他的脸也看不清。

有好几次公司打算聚会，小何因为用帽子盖住了脸，同事们没有及时发现他，所以将他一个人落下了。最后，他只好自己坐车回去了。

【帽子的解读】喜欢用帽子遮住脸的人，一般个性都很深沉，很难与人和平相处，并且，他们喜欢一个人静静地坐在某处发呆。这种人自卑心理比较重，办事也不够积极主动。

【应对方法】与这类人交往，首先得让他走出自我封闭的世界。平时，你得尽可能地找机会让他展示自己，比如在会议上让他站起来发言，或者在聚会时让他唱首歌，让他感觉到大家的关心。这样，他就会渐渐变得积极、阳光起来。

（3）戴得端端正正

【场景】大风刮起来了，花草树木都被刮得东倒西歪的，一个人头上的帽子却稳稳当当的，毫不动摇，就像在头上生了根似的。

【帽子的描述】老冯喜欢将帽子端正地戴在头上，并且还用带子在下颚处打个结，这样就算刮大风，也刮不走他的帽子。

有一次，老冯和朋友一起去郊游，可天公不作美，上一秒还烈日当空，下一秒就突然刮起了大风。不一会儿，天雷滚滚。几个朋友的遮阳帽都被大风吹走了，可老冯的帽子却还牢牢地戴在头上，他笑着说："怎么样，像我这种戴法还是有好处的，你们今后都应该学着点！"

【帽子的解读】一个人帽子戴得稳，是由于他的性格稳重。这类人极为正直，富有进取心，做起事来认真、细心，负责任，任何时候都不容易犯错。但他的缺点是喜欢教训人——他觉得自己做得对的，就会要求身边的人也这样做。

【应对方法】面对这类人，你得尽量少说话，只要不涉及原则性问题，他怎么做，你只需要跟着他做就行了。因为，你交给他的事，他都会认真地做好，而且，只要你将他当朋友，他也会尽力帮助你的。

4. 以鞋识人

鞋子是大家必不可少的生活用品，但从另一个层面来说，鞋子已经不止具有实用价值了。

一个人穿鞋的习惯，能反映出他的精神面貌和性格特点，同时，这也会涉及到他的心理活动。所以，我们很有必要了解一下人们在买鞋、穿鞋方面的差异，从而探究他

人的内心所想，以便于与他更深入地交往。

（1）固定穿黑皮鞋的人

【场景】一个人背着登山包正在换鞋，他左脚穿着一只黑皮鞋，右脚正打算伸进另一只黑皮鞋时，黑皮鞋一脸痛苦地说："老兄，你还是饶了我吧，你这次可是去登山，不是开商务会议！"

【鞋的描述】老许常年穿黑色皮鞋，从来不穿别的颜色的鞋子，哪怕是去郊游也要穿黑皮鞋。为此，他还狠狠地摔过几次跤，但依然"死不悔改"。

【鞋的解读】喜欢穿黑皮鞋的男士，在人格气质上比较正式、刻板，有绅士风度。但他们缺乏灵活的、亲切的感觉，生活也十分平淡，没有更多的色彩。

【应对方法】与这种人交往，你可以适当地讲些笑话，让气氛变得轻松些，这也可以促进你们之间的交流。

（2）经常穿运动鞋的人

【场景】一个人要去参加一场重要的会议，但他脚上的那双运动鞋一个劲儿地将他往运动场上拉："哥们儿，我们还是先去打一会儿球吧。"

【**鞋的描述**】凡是认识小萧的人，都没见他穿过皮鞋，因为他喜欢穿运动鞋，哪怕是非常严肃的会议，他也会穿着一双运动鞋去参加。为此，领导没少批评他，可他就是不思悔改。因为，他更喜欢听到自己在运动场上打球时女性球迷们的尖叫声。

【**鞋的解读**】一个经常穿运动鞋的人，生活中有可能随意、浪漫，然而他在工作中也很可能缺乏责任心，给人一种不正式的感觉。

【**应对方法**】面对这类人，你得严肃一些——特别是当对方有不负责任的情绪发生时，你一定要坚持原则。

（3）经常变换鞋子的人

【**场景**】一只崭新的鞋子用鞋带紧紧地"握"住主人的手，说："我刚被你买回来，你就不要我了？"

【**鞋的描述**】大黄从来不固定穿哪种鞋子，他觉得哪双鞋子好看就会穿哪双。看到新款鞋子上市，他就会立即去买来穿，为此，他家里堆满了各种各样的鞋子，后来因为鞋柜里实在装不下了，只好把一些不喜欢的鞋子清理掉。

【**鞋的解读**】这类人性格积极、活泼，喜欢新鲜事物，但在生活中不稳重。由于兴趣爱好都用在了追求新鲜事物上，所以他们很容易疏忽工作中的细节。

【应对方法】要想与这类人深入交往，得经常跟他讲一些工作中的重点、难点和要点，让他的心里不能老想着那些新鲜的玩意儿。因为，压力能产生动力，这样他才会变得成熟起来。

5. 以发质识人

头发是人体最为重要的部分之一，一个人的头发关系到他的整体形象。所以说，那些注重形象的人对自己的发型肯定会很重视。同时，对一个经常在公众场所露面的人来说，保持得体的发型显得尤其重要。

另外，不同的发型在很大程度上也能反映出人们不同的性格特点。如果你学会了从发型上来识人，那么你与他人的交往就会变得更为顺畅。

（1）头发稀少、发质很细

【场景】一个人在梳头发，梳子说："你的头发比梳齿还少，是头发在梳梳子吧。"

< 128 >

【发型描述】老李的头发稀少、发质很细，额前还光了不少，经常有人开他的玩笑，说："聪明的脑袋不长毛。"老李很是不解，说："我这脑袋不长毛哪里是因为聪明呀，那可是失眠的结果。"

【发型解读】那些发质很细、头发稀少的男性，一般都心机较重，会算计——凡事他们都会算计得一分不差，几乎不会做可能让自己吃亏的事。他们对待工作能做到仔细认真，同时，他们又缺乏宽容心，无法容忍那些比自己还会算计的人。

【应对方法】面对这类人时，你不能将自己的"老底"全盘托出，以免遭到算计。但这种人也有他的优点，当他与你成为合作伙伴时，他会全力维护大家的集体利益。

（2）梳理得齐整光亮

【场景】花盆里的一株草对不停地刮着的风说："真讨厌，你又把人家的头发弄乱了。"

【发型描述】小陈的头发总是梳得整齐光亮，不只平时上班、开会他会把发型弄得很整齐，就连去外面踏青也要梳得一丝不苟。

有一次周末，同事们在外面踏青时，小陈的发型被风吹乱了，他马上从口袋里掏出一面镜子和一把梳子开始梳理起

< 129 >

来。那些女同事见了，一个个哈哈大笑。但小陈脸不红心不跳，依然认真仔细地梳着头发。

【发型解读】头发梳理得整齐光亮的男性，大多都很注重外在形象，甚至还有点虚荣，对事对人也比较挑剔，喜欢吹毛求疵，有的人甚至还有完美主义倾向。

【应对方法】我们可以适时地对这种人进行形象上的批评，一定要让他明白，光鲜的外表永远比不上充实的内在。你的批评可以让他将注意力集中到实际工作中来，但要注意不能批评过度，那样容易让他对自己失去信心。

（3）头发粗直、硬度高

【场景】一个巨大的脑袋上面长满了像树木一样粗直的"头发"，一个人身上围着理发师那样的围布，正手持斧头挥汗如雨地砍"头发"。

【发型描述】大刘的头发粗直，而且硬度高，每次他去理发，理发师都会埋怨："你的头发太硬了，将我的剪子都弄钝了。"大刘却毫不介意，笑笑说："大不了我赔你一把剪子好了。"

【发型解读】头发粗直、硬度高的男性大多豪爽，不拘小节。他们光明磊落，不会耍小聪明，而且总是以朋友为先，是很好的患难之交。

【应对方法】这种人非常值得交往，但要想与他合作还需注意细节上的问题，千万不能因为一个细节而毁了全局。

6. 以饰物识人

语言是我们交流的主要工具，但当语言交流受到限制时，我们也可以用饰物来传递信息。饰物不仅仅是用来装饰的，还带有某种暗示作用。同语言相比较，有时候用饰物来传递信息，方式更巧妙，效果更明显。因此，通过饰物也能观察出一个人的性格。

（1）佩戴饰品非常多

【场景】一个人身上挂满了饰物，有人远远地喊："喂，卖货郎，过来，我想买点东西！"

【饰物描述】小吕不管出现在哪里，都会给人一种卖货郎的印象，因为他身上的饰物有很多，看得人眼花缭乱。

有一次，小吕去见女朋友的父母，对方看不惯他身上的那些配饰，便要求他以后不要再佩戴过多的配饰了。他不听，

< 131 >

女朋友便用分手来威胁他，可他理直气壮地说："我相信，总会有人喜欢我这种类型的人。"

【饰物解读】这类人会给人一种标新立异的感觉，他们在服装上面费了不少工夫，这能引起别人的侧目，但他们的归属意识较薄弱。此外，由于他们对服装特别用心，穿着打扮总是追逐潮流，所以他们的发型、服装搭配往往会不符合场合。

这类人虽然心思细腻，但因为专注于小事的完美，所以在大事上责任心不强。有时候，因装饰过度，给人一种花哨、不靠谱的感觉。

【应对方法】与这种人交往，不能经常夸赞他的相貌，而应该时时提醒他要负责任。他本来就是一个很注重外表的人，如果你再夸赞他的相貌，那么他就会将所有心思都花在这些表面性的东西上。但如果你一再强调他是一个有责任心的人，那么，他的注意力便会潜移默化地得到改变。

（2）饰物不多，但有个性

【场景】一大片绿叶之中，突然冒出一朵红花来，显得光彩夺目。

【饰物描述】阿强身上戴的饰物不多，但每次都会有一个闪光点让人眼前一亮。所以，不管是男士还是女士，都对阿强的印象特别深，大家有时候会赞美他的领带有个性，有时候会赞美他的手表很特别。

【饰物解读】对于领带、衬衫、袖扣、皮带、手表等配件，这类人都会在某个地方特别花一番工夫打理。穿着以灰色或蓝色为基本色调的西装，他们就会不着痕迹地选相同色调的领带来搭配。这种穿法虽然不引人注目，却非常具有个性。

这种人因为在某个地方特别突出，比较容易出人头地，但也容易遭到别人的妒忌和打击。

【应对方法】这类人情商很高，在与他合作时，可以将创造性较强的开发工作交给他去做。当他做出成绩的时候，应该适时地给予表扬与鼓励，而不能漠视他的劳动成果，不然他很容易产生气馁情绪。

（3）没有饰物

【场景】一个小孩将一朵花戴在一个老人的头上，老人感动地说："看来，我还有点用啊。"

【饰物描述】老韩是一个从来不戴饰物的人，不仅如此，他甚至连着装也很随便。有一次，公司里来了一位重要客户，主管一再要求大家要穿着得体，可老韩依然跟平时一样随便，结果给客户留下了很不好的印象。

【饰物解读】与讲究服饰的人完全相反，这类人毫不关心自己的服饰，甚至从来就没戴过饰物。他们大都以中老年人居多，看他们的穿着就可以知道，他们已不再对生活抱有激情，只想过安定的生活。换句话说，他们已放弃了对名利的追求。

【应对方法】这类人虽然不爱讲究，但生活阅历非常广，只是心态已老。如果加以适当的鼓励，一旦激发了他对生活的希望，他会变得比年轻人更加热情。

7. 以手提包识人

现实生活中，手提包已成为人们形影不离的助手。特别是现代社会，手提包的种类、款式已经多得让人眼花缭乱。不管是在大街上，还是在写字楼里，都可以看到人们在使用手提包——或拿在手里，或背在肩上，或夹于腋下。正因如此，观察手提包可以帮助我们认识它的主人。

（1）小巧精致型

【场景】鸟妈妈提着几篮虫子回来了，一只小鸟跟鸟妈妈说："妈妈，给我一个小篮子吧。"鸟妈妈不解地问："为什么要一个小篮子，小篮子里的虫子也小哦！"小鸟说："因为我是一只小鸟嘛，当然要小篮子了！"

【行为描述】小玲习惯背一个小巧精致的包包。一天，一位好朋友送给她一个名牌大包包，她连连摇头，就是不肯接受。问她原因，她也明确地回答不上来，只是说如果硬要她背着那个大包包，她就会感到浑身不自在。

【手提包解读】喜欢小巧精致、把包包当成装饰品的女性，大多没有经历过磨难，她们的性情比较脆弱，一旦遇到挫折，很容易放弃自己的理想。同时，这类女性涉世不深，没什么城府，对未来充满了美好的期待。

【应对方法】面对这类人，不能过度地赞扬，不然对方就无法成熟起来——我们需要适时地让她们遭受点挫折才行。比如，原本应该表扬对方，可以改为提点小意见，以便让她做得更加完美。

（2）超大型

【场景】一个超大型手提包被摆在了男士专柜上，手提包很生气地说："喂，我不要在这里，我是女生啊！"

【行为描述】林欣喜欢提个大包包，不管走到哪里，那个大包包都非常抢眼。同时，她不仅说话声音大、嗓门粗，而且行为也大大咧咧的。人们见了她都很疑惑：这还是一个女孩子的样子吗？

【手提包解读】喜欢背超大包包的女性向往自由自在、无拘无束的生活，她们很容易与别人建立关系，但这种关系也容易破裂。因为，她们对待生活比较散漫，没有责任感。

【应对方法】不能跟这种人过多地计较，因为她们喜欢自由，所以你需要给对方充足的自由。哪怕对方哪天无意中得罪了你，你也不要往心里去，因为她根本就不会察觉到自己哪里得罪了你。只有这样，你才能长久地与这类人保持良好的关系。

（3）多个口袋型

【场景】一架相机对准了一个背着手提包的女人，它是那种有多个口袋的款式。于是，众多口袋一齐喊："茄子！"

【**行为描述**】小许的手提包很特别，是那种有很多口袋的包包。因为她随身携带的东西很多，所以她总是将这些东西分门别类地装进不同的口袋里，这样找起来也方便。

【**手提包解读**】喜欢提包口袋多而且把东西摆放得很整齐的女人，头脑清醒、生活有规律，不会轻易做出糊涂事。但因为她们非常刻板，会让人感觉缺少生活的乐趣。

【**应对方法**】与这种人相处时，可以表现得幽默一点。这样，对方能从你的幽默里品出生活的情趣，从而潜移默化地改变自己刻板的形象。

8. 利用暖色让他人对你产生好感

在社交中，要想处于不败之地，一个人除了要有得体的言谈举止之外，穿着打扮也很重要。为自己挑选色彩柔和的服装，是让人对你产生好感的第一步，同时也将为你的社交打下良好的基础。

（1）强烈色配合

【场景】一只鹦鹉一边拔自己的毛，一边不无嫉妒地说："很久都没人叫我美女了，我得换件颜色好看的衣服！"

【行为描述】方彤星期五要去参加一场剪彩活动，不知道穿什么衣服合适，便打电话问好友小丽。

小丽说："就穿黄色上衣和黑色裤子吧！"

按照小丽说的穿好后，方彤感觉不错，便出门了。那天，因为衣服的颜色搭配得体，很是抢眼，方彤受到不少人的赞美。

【色彩解读】黄色和黑色的搭配是最亮眼的搭配，因此，方彤这种上浅下深式的颜色搭配尽显了主人端庄、大方、恬静、严肃的个性气质，很适合剪彩这种正式场合。

【应对方法】在比较严肃的场合，你可以选择上浅下深式的颜色搭配。比如，白色配咖啡色，白色配橙色，浅咖啡色配绿色等。

一般而言，颜色鲜亮的上衣应配颜色较深的裤子。如果上衣和裤子都为亮色，这样比较刺眼，没有柔和感，不太容易被人接受。

（2）白色的搭配原则

【场景】一个女人的周围都是鼓掌的手，她的头上光芒四射。

【行为描述】那天，吴优上身穿着白色衬衫，下身穿着红色半裙，同事们都说她是公司的女神。

【色彩解读】白色可与任何颜色搭配，但要想搭配得巧妙，也需费一番心思。白色下装配搭条纹的淡黄色上衣，是柔和色的最佳组合。上身穿淡紫色西装，下身搭配象牙白长裤，再配以纯白色衬衣，不失为一种成功的配色，可充分显示自我个性。象牙白长裤与淡色休闲衫配搭，也是一种成功的组合。白色折褶裙配淡粉色毛衣，能给人以温柔、飘逸的感觉。

【应对方法】上身着白色休闲衫，下身穿红色窄裙，显得热情潇洒。在强烈的对比下，白色的分量越重，看起来越柔和。

（3）蓝色的搭配原则

【场景】两双眼睛射出两道目光，像手一样紧紧地握在一起，代表合作成功。

< 139 >

【**行为描述**】在一次合作会谈上，年近四十岁的袁莉用蓝色搭配红色的穿着，赢得了"最具魅力女人"的称号，并获得了合作的机会。

【**色彩解读**】在所有颜色中，蓝色服装最容易与其他颜色搭配。不管是近似于黑色的蓝色，还是深蓝色，都比较容易搭配。而且，蓝色具有紧缩身材的效果，极富魅力。

【**应对方法**】生动的蓝色搭配红色，会使人显得妩媚、俏丽，但应注意蓝红比例应适当。

第五章

搞好职场社交的心理策略

在当今社会的生存压力下，有的人总感到人际关系非常不好处理，有时候会为了说服自己或别人感到无比烦恼——在面对有心计的人时，甚至会束手无策、苦闷不堪。

在工作中，怎样与领导、同事、下属、客户搞好关系——让领导赏识你，让同事喜欢你，让下属信服你，让客户信任你，这是我们每个人都要认真思考和关心的问题。

大多数人认为，服从上级的命令，认真做好本职工作，尊敬领导，不去非议领导，加上不断地学习，就可以跟领导搞好关系。而对客户投其所好，给他们最优惠的价格，就能获得客户的信任。

其实，这些都只是表面功夫，要想真正抓住人心，一定要懂得心理策略。

为了能够摆脱被人牵着鼻子走的尴尬境地，我们必须学会采取心理策略，通过各种细节掌握他人的心理变化，即看懂人心、了解人性，明白自己和他人的心理。只要看懂了他人的心理，便能赢得人心，无论是与人相处，还是在交友、公司运作、团队管理及业务销售等方面，都会让你如鱼得水、左右逢源。

1. 谈话时留意下属的动作

有时候，当你在跟下属谈话时，同时也很想知道他们的心里是怎么想的。偏偏一些人面对上司时，话语比较少。

此时，你想快速、准确地了解到对方的真实意图，所以除了通过对他的言语、表情进行分析，你还要培养较为敏锐细致的观察能力，将其手势、动作以及看似不经意的行为也看在眼里，装进心里。根据这些细节，你可以了解他内心的真实想法，并做出合理的解决方案。

< 142 >

（1）摸眼睛

【场景】眼睛上贴着一把钥匙，钥匙上面写有两个字："智慧。"

【行为描述】开会期间，一名下属在不停地摸眼睛，他的小动作很快引起了经理的注意，经理不知道他想干什么。于是，经理直接叫出了他的名字，并问他有什么问题。果然，那下属有话要说，并且还提出了非常中肯的意见。

【动作解读】一般情况下，一个人每小时至少要摸一次眼睛。通常而言，喜欢抓耳朵、摸眼睛的人，心思细腻，甚至有些敏感，表现欲强。有时，别人认为是鸡毛蒜皮的事，在他看来就是大事。

当领导在说话时，对方总是用手摸眼睛，如果这个人的睡眠没问题的话，那么，他肯定是有不同的观点或意见想要发表。

【攻心策略】面对这样的人，你可以经常听听他的想法，给他充分展示自我的机会。他在得到重视的同时，肯定会觉得你是个难得的聪明上司，就会愿意为公司奉献他的所有智慧。

（2）摸鼻子

【**场景**】一个大鼻子上长了一棵小歪树。

【**行为描述**】最近，主管发现小刘老是喜欢摸鼻子，而且，他的精神也不太好。主管就找他谈话，问他业余时间都有什么活动安排，下班后可不可以一起去打打台球。

这位主管很善于洞察人的内心，问话的时候一直在观察小刘，发现他又在不停地摸鼻子。后来才知道小刘居然在外兼职，但公司明文规定，员工是不许在外兼职的。

【**动作解读**】人在撒谎的时候，鼻部组织会因充血而膨胀扩大，说谎者便会因鼻子发痒而不断地触摸。这种人平时工作态度良好，业务水平高，只是偶尔会开小差而已。

当主管问话时，小刘不停地摸鼻子，这一小动作证明他的心中正在酝酿谎言，并且谎言随着动作的产生成形，只待脱口而出。所以，他回不回答已不重要，因为他的行为已经给了主管答案。

【**攻心策略**】作为领导，你可以经常找这类人谈心，在工资上给予对方适当的调整，提高他的工作积极性，让他明白你对他很好。是的，他没理由因为一些小利益而失去这份稳定的工作，以及有你这样一位善于关心下属的好上司。

（3）摆弄饰物

【场景】一只小玩具熊，哭丧着脸对它的主人说："别老是玩我了！"

【行为描述】每次开会时，娇娇手里总像变戏法似的在玩一些小饰物，直到会开完了，她也没发表过自己的观点。

【动作解读】爱做这种动作的一般为女性，她们心思细腻，但通常比较内向，还有些自卑，不会轻易让感情外露。

她们想以勤快来弥补自己某些方面的不足，因而对公司的要求也不多，做事时认真踏实且有耐心，大凡有座谈会、晚会或舞会之类的活动，最后收拾卫生的总是她们。她们的缺点是太过内向，思维反应较慢，缺少创新意识，只适合做一些呆板的工作。

这类人比较听上司的话，做事主动，尽管在公司没有做出很大的贡献，但也是不可缺少的一员。

【攻心策略】你所需要做的，就是对她们默默地奉献投以赞许的目光，在某些特殊场合给予口头表扬，或以公司名义发放一些小礼物。她们会因为得到了公司的认可而很开心、很满足，做起事来也就更加有干劲儿。

2. 用小动作让下属感到温暖

在面对下属时，为了显示自己的威严，很多上司常常会面色凝重、目光锐利。这种冷漠的表情总让下属感到很不舒服——即便他们对上司有话要说，也宁愿藏在心里。

但有的上司却不是那样的，他们为了让下属感受到他的关怀，同时为了建立良好的上下级关系，每每与下属说话时总会手眼并用——虽然这些小动作看似不起眼，它们却能不经意地触动对方心底最柔软的弦，让人感动，让人温暖……

（1）拍拍肩膀

【场景】一只手从侧面放在某个人的肩膀上，他的全身便通电了，脑袋成了 500W 的电灯。

【行为描述】每次加班，部门王经理总是陪着大家一起做事，偶尔从某个下属身边经过时，见对方在非常专心地工作，为了不打扰对方，他只是从侧面轻轻地拍拍那人的肩膀，然后微笑着走开。

【小动作解读】上司拍下属的肩膀，是对下属的承认和赏识。这样做可以给下属一种和蔼、亲切的感觉，虽然你平时对他们的工作要求很高，但在他们看来，你还是一个比较富有人情味的上司。

你的鼓舞和赏识令下属心生感动，工作起来也就更加卖力，这也不失为一种"感情投资"。但值得注意的是，只有从侧面去拍对方的肩膀才表示承认和赏识，如果从正面或上面拍，则表示小看对方或显示权力，就没什么温暖可言了。

【攻心策略】通常而言，性格比较内向的下属，需要上司用小动作照顾一下情绪。因为，他们不善于言语表达，而对肢体动作又相当敏感，你的一些温暖小动作能够起到良好的沟通作用，这样既不给对方压力，又能达到你的交流目的。

（2）眨眨眼

【场景】一双超大的眼睛像风扇一样在不停地眨，正为一个搬运工吹风。

【行为描述】总监让小邱针对某个项目写了一份计划书，但小邱的计划书还存在问题，没得到总监的认可。

正当小邱感到失望的时候，总监朝他眨了眨眼，坦率地看着他说："辛苦你了，再改改吧！"很快，一份新的方案出来了，效果远远超过了总监的预想。

< 147 >

【小动作解读】上司友好、坦率地看着下属，或冲着对方眨眨眼，表示下属很有能力、讨他喜欢，甚至出现错误也可以得到他的原谅。虽然这种做法常给人以顽皮、不太稳重的感觉，但这样与下属沟通的确能够缓解气氛，减轻对方的心理压力。

他们会认为你之所以爱挑毛病，是因为自己的工作还没做到位，只要努力，一定能给你一个满意的结果。而且，他们还觉得这样的上司宽容大度，即便下属犯了错误也能够给他改正的机会，并且能给他充分的信任，常让他深感温暖之余备受鼓舞，觉得自己没有理由不把事情做好。

【攻心策略】当你发现某个下属将某种消极情绪带到工作中时，千万不要给他脸色看，可以试着朝他眨眨眼，或是做个其他比较温暖的小动作，将他的情绪调动起来——这样既利于团结，也利于提高工作效率。

（3）搓手掌

【场景】重合在一起的手掌里，爬出一只壁虎，说："好热哦！"

【行为描述】一天，主管阿清让大家去他的办公室开会。当人员到齐后，阿清又习惯性地拿起一支笔在手里不停地搓了起来。阿清发现，下属们看到自己在搓手掌时，居然个个情绪高涨，并且还极易沟通。

【小动作解读】搓手掌是人们经常做的小动作，比如拿根糖果棒、一支笔的时候，常常会不自觉地搓。这说明，此刻他的心情不错，期待会有更好的事发生。这种人会给他人留下自信心十足、不会被困难压倒的印象，而且，他这种良好的心理状态往往能够感染周边的人。

【攻心策略】如果下属已经发挥得不错了，你不想他因为所取得的成绩而骄傲自满，那么，合适的时候可以用这样的小动作暗示他："你现在干劲十足，可以再创辉煌。"那么，他也一定会迎难而上，成为你的得力战将。

3. 对下属要恩威并重

在日常工作中，有些上司不注意改进领导作风，习惯以势压人、以权说事，动辄就训斥下属的不是，这会造成上下级关系不和谐，严重损害工作团队的凝聚力和战斗力。

但是，作为管理人员，自己也不能一味地谦恭地做老好人，对错误的言行不予以指正，助长下属的某种不良习气，致使他们不听指挥、不受约束，凡事爱计算得失。所谓刚柔

< 149 >

相济立威仪，只有做到恩威并重，领导者才会既有亲和力，又有不怒而威的威严。

（1）人文关怀

【场景】一只大手小心翼翼地捧着一个"人"，那个"人"却在挥汗如雨地干着活。

【行为描述】下午，小高感冒发烧要去医院，就给部门主管发了短信请病假。部门主管收到短信后，立刻拨通小高的电话："小高，你病得严不严重？你在哪家医院，要不我来看看你吧？既然发烧了，就应该好好休息几天，争取早日康复后再来上班，还有好多客户等着你去谈判呢……"

小高很激动，回答说："不严重，在人民医院呢。谢谢主管的关心，您不要来看我了，您那么忙……我知道有很多客户在等着我，估计明天我就能上班了。"

【恩威并重解读】人文关怀，重在以人为本。这位上司很聪明，也懂得如何对下属恩威并重。他既表达了自己关心下属的态度，又不失时机地提到了工作的重要性。虽然这只是口头上的关心，但下属会如沐春风。

【攻心策略】作为领导者，应放下架子主动去关心下属，要经常面带微笑，并与他们谈心，了解他们的近忧远虑，力所能及地帮助他们解决工作和生活中的难题。

（2）刚柔相济

【场景】一只铁拳，一下子打进了一堆棉花里……

【行为描述】小乐下班后爱去打麻将，往往每个月的工资发下来没几天就被他输得精光了。没钱了，他就四处跟同事借，甚至借到了上司头上。上司因为平时与下属打成一片了，碍于面子总是有求必应。

【恩威并重解读】这种对下属的坏毛病视若无睹的做法，只会更加纵容他们犯错。因为有的下属年纪轻轻，没什么社会经验，而且又没跟父母住在一起，自我约束能力差，很多行为都是比较随性的，明知不该那么做，却管不住自己。

这时候，上司如果能够给予严肃的批评和友善的帮助，或许他们能及时地改掉那些小毛病。同时，领导也会在下属心目中建立起不怒而威的形象。

【攻心策略】对待下属虽然以亲善为佳，经常要进行人文关怀，但也不能过分地纵容他们的坏毛病，应及时、友善地指出，并晓之以理、动之以情地进行劝导。

（3）赏罚分明

【场景】一个牌子上写着"奖励"二字，另一个牌子上

却写着"惩罚"二字。

【行为描述】小王是老板的亲戚，经常在禁烟仓库里吸烟，而小张提醒了他几次，都遭到了他的反驳。一次，他出门前随手扔掉了一个烟头，结果引发了火灾——恰好小张回仓库取货及时将火扑灭了，这才没造成严重的损失。

【恩威并重解读】面对小张爱护集体财产，公正无私的做法，老板除了要给予口头表扬外，还可以适当地以资鼓励，以增强其作为下属的荣誉感和责任心。而对小王这种违规且不负责任的做法，应给予严重的批评，甚至要开除。

如果不树立赏罚分明的正气，一些下属就会随心所欲，不关心集体，缺乏责任感。对下属赏罚严明，不偏私，不失信——赏要赏得众望所归，罚要罚得心悦诚服，这样，整个团队才能充满浩然正气。

【攻心策略】有的下属因为是老板的亲戚，往往不太好管理。这时，老板就得私下里找他谈一谈，并告诉他犯错误的严重性。如果他能够及时改正，那么还是可以用的；如果他改正不了，哪怕是亲戚也是不能再用的——更重要的是，你得将决定权交到他手里，让他意识到自己能不能留下来完全取决于自己。

4. 赞美时声音要透出真诚

赞美是一种说话的艺术，被赞者会心情愉悦，赞美者也能从中感到快乐。赞美可以加深感情，增进大家的信任，缩短人与人之间的距离。真心诚意、恰如其分的赞美，没有人不愿意接受。

（1）磁性声音

【场景】一串串话语从一个人的嘴里跳出来，变成一块大磁铁，将周围的人全都吸了过来。

【行为描述】新来的资料员小李，去老板办公室送打印材料，刚好碰到主管也在办公室里——见到小李，主管用富有磁性的声音赞美道："小李，你打字的速度真快，而且没有错别字，为我节省了不少时间，谢谢你！"

本来，小李觉得做打字员很没前途，打算下个月就辞职去另一家公司，但主管真诚的赞美让她放弃了跳槽的念头，并且在以后的工作中更加认真了。

< 153 >

【真诚解读】磁性的声音听起来有一种厚度，就好像从一个人的胸腔里发出的低沉声音，能够给人一种"哦，他是在用心跟我交流"的感觉。用这种声音赞美他人能更显真诚，会令人感到舒服并乐于接受。

资料员小李就是听了主管一句真诚的赞美，从主管的话里感受到了信任和欣赏，这才让她打算以更好的工作态度去打动上司，为自己争取升职的机会。

【攻心策略】单独与下属沟通时，你用这种富有磁性的声音赞美他，可以让他听起来感到既舒服，又真诚。

（2）洪亮声音

【场景】办公桌上堆放着一摞业绩表，上司从表后探出头，并伸出一个大拇指对下属说："哇！你的业绩比我的个头还高！"

【行为描述】月底开总结会，销售经理用洪亮的声音表扬了新业务员小杨："小杨，这个月你的业绩虽然还不突出，但一直在努力熟悉业务，并四处寻找客源，连周末都在与客户交流，这种勤奋、敬业的精神值得学习。"

之后的半年里，小杨的业绩连连攀升，后来竟然在全公司排到了第一名。销售经理问他："你怎么这么能干呢？"

小杨笑着说："其实，以前我在好几家公司工作过，都

< 154 >

因为业绩不突出被主管责骂而辞职。您是第一个赞美我的上司，而且还那么的真诚——是您的赞美激励了我……"

【真诚解读】在公共场合，用洪亮的声音赞美一个人，充分显示了赞美者的宽广心胸——在赞美他人的同时，让人觉得赞美者本人就是一个开朗、自信，值得信任的人。而且，你洪亮的声音还可以让被赞美者感受到真诚，从而激发他的上进心。

【攻心策略】在不断完善自我的同时，用开阔的胸襟去发现每个下属的优点。当大家聚在一起时，再用你洪亮的声音将每个下属的优点放大，让他们知道你是多么欣赏他们，这会让他们在工作中更加斗志昂扬。

（3）甜美声音

【场景】一名厨师手拿锅铲，正翻炒着几口锅里的菜，他的耳边正响着甜甜的声音："师傅，你的手艺真好！"

【行为描述】中秋佳节，饭店生意兴隆，大堂里坐满了客人，大家都在催单。餐饮部经理来到厨房，发现在高温下工作的厨师们已经很辛苦了，她不忍心催促，便用甜美的声音赞美道："师傅们，你们炒的菜太好吃了，客人吃了还嚷着要加菜！"于是，厨师们更加卖力了——很快，一盘盘色香味俱全的菜就出锅了。

【真诚解读】一句适当的赞美，可以让人心情愉悦；而当一个人疲倦的时候，能够听到甜美的赞美更能缓解疲劳。这位餐饮部经理用自己的智慧和真诚打动了厨师，让他们工作起来充满了动力。假如她怒气冲冲地去责怪厨师动作不够快，这只会触动他们的逆反心理。所以，一个智慧的上司应当经常去赞美自己的下属，而且要发自内心地去欣赏。

【攻心策略】不要觉得赞美一个人是虚伪，如果你是发自内心地去赞美他，这就是一种智慧。因为，你的美言常常能够让对方为你"赴汤蹈火"，而且赞美他人的时候，自己的身心也是愉悦的，有利于彼此共同创造辉煌的业绩。

5. 掌握批评尺度的心理策略

每个人都有缺点，一个人只有认识到自己的缺点才有可能进步。如果自己认识不到缺点，就得靠别人来帮助，这就是批评的价值所在。所以，批评就像被批评一样，批评的价值不会使批评走向误区。

批评是一个敏感的话题，哪怕是轻微的批评，都不会像赞扬那样使人感到舒服，而且，批评者总是会用挑剔或敌对的态度来对待被批评者。

因此，批评必须注意态度，诚恳而友好的态度就像润滑剂，往往能减少摩擦，从而达到预期的效果。

（1）就事论事，勿伤及人格

【场景】下属问："公司明明有新米，为什么要让我吃陈谷子呢？"上司答："那些陈谷子也不能浪费啊！"

【批评语气描述】那天，部门主管余新很严厉地批评了下属，因为一下子没刹住车，将下属以前犯过的几次错误也都说了出来。没想到下属不但不接受错误，还递交了辞职信，这让余新心里很不痛快。

【批评语气解读】这次犯下的错误，应该这次解决，而将前面已经改正的错误再拿出来举例，只能引起对方的反感，有揭人伤疤之嫌。而揭对方的伤疤，最容易引起对方的愤怒，应坚决避免。

【攻心策略】批评他人时，如果你情绪较为激动，可以先不说话，等自己冷静下来后再表达意见。如果你实在控制不好情绪，可以先喝一杯水，等水喝完了，你也就平静下来了。

< 157 >

（2）具体明确，不抽象笼统

【场景】大家被一张网全网住了。一个人说："我只不过是想给你们其中一位做个头套，没想到头套做得太大，将你们全网住了。"

【批评语气描述】付奇开了家代理公司，有一次开紧急会议，因为自己的得力干将张强迟到了，这让他很生气。但他又不好当面说张强，于是采取了不点名的方式进行批评。

付奇当着大家的面说："有些人可能是因为做出了点成绩便开始翘尾巴，现在我可以明确地告诉大家，不管是谁，只要是不想干的，我随时可以放他走。"

结果，大家面面相觑，不知所云。虽然当时大家都没说话，但在以后的工作中情绪都不是太好，有几个人还辞职去了别的公司。

【批评语气解读】在批评他人之前，先要明确批评问题的方向，在批评对方时指出的问题越具体、越明确越好。而抽象、笼统的说辞，"一棍子打死一船人"，别人就难以弄懂你的意思了。

【攻心策略】面对这种情况时，应该私下里找当事人谈谈，越坦诚越好。比如，他迟到了，你可以明确指出来："你今天迟到了！"再如，他早退了，你也可以明确指出来。这样做的好处是，他会明白自己错在了哪里，以后就不会犯同样的错误了。

（3）语气亲切，不武断生硬

【场景】一个人拿着话筒，话筒里传来百灵鸟般动听的声音："你没有犯错，只不过是没有将事情做对而已，我等着你下次改正哦……"

【批评语气描述】快下班时，小王因急着去给朋友过生日，结果将一份文件忘记打印了，第二天上司问起时他才匆匆地去打印。上司说："小王，我知道你重情义，朋友的生日确实很重要，如果你能将工作也当成朋友，那就太好了。"

上司虽然批评了小王，但语气显得异常亲切，这让小王感到愧疚的同时，心里也暖暖的。从此，他在工作中再也没有犯过同样的错误。

【批评语气解读】有什么样的态度，就有什么样的用语。如果态度生硬，用语也会生硬，那么语气就自然会变得生硬了——这很容易让人感到你自以为是。

有的人批评人时总喜欢用"你应该这样做……""你不应该那样做……"，仿佛只有他的看法才是正确的，这种自以为是的口吻只会引起别人的逆反心理。

【攻心策略】批评人的最高境界是，让受批者听起来心

里舒坦，但又能认识到自己的错误。所以，以夸奖的语气去批评他人就好多了。比如，一个人犯了错，你可以鼓励他说："虽然你做错了，但改正了就好。"这种方式能很好地把握批评的尺度。

6. 请他人帮一个小忙

当别人需要你帮忙，特别是自己最擅长的某个方面时，一想到自己的举手之劳可以帮到别人，心里就会特别高兴。因为，在帮助他人的同时既满足了自己的自尊心，又实现了自己的价值。

我们不妨从请他人帮个小忙开始，激发他人的自尊心，同时也建立一座沟通的桥梁。

（1）满足他人的个性化欲望

【场景】鸡在泥地上踩出了一行脚印，老鹰飞过来说："啊，真好看，这画要多少钱？"鸡说："不要钱，你拿去好了。"老鹰说："不如你去我家，教我画吧……"

【行为描述】蔡老板经营着一家印刷厂，他想与某出版公司的万总合作，但不知如何与万总交往，并为此烦恼不已。一天，他得知万总是个书画爱好者，于是跑去跟万总求字画。

万总显得受宠若惊，因为他的字画并不是很好。就这样，两人在字画上找到了共同语言，后来还达成了生意上的合作。

【心理解读】人的欲望往往多种多样，并且十分个性化，万总"希望有人来向自己求字画"的欲望无疑是个性化欲望。聪明的人总会努力地去探知他人的特殊需求，不管是多么细微的事，他们也会处处留意。于是，蔡老板就比别人多了一条通往成功的路。

【攻心策略】面对这种人时，一定要弄清楚他是不是真的有个性化的欲望，如果他在这方面的成就很高，或者他只是刚刚入门，这招肯定不太好使。因为，成就很高或者刚入门的人，对这方面的个性化欲望都不大，只有那些"半桶水"，也就是有热情但还没达到自己希望的高度的人，才会有这种欲望。

（2）接纳排挤你的人

【场景】一个人两手外推，作拒绝状；另一个人则伸开双臂，作拥抱状。

【行为描述】小高初到一家新公司便遭到了一位同事的排挤——原因是，他什么都不会。于是，他私下里找到那位同事，并打算虚心向对方学习。

那同事是公司里的老员工，但因学历低没被提拔，所以，凡是新来的高学历同事都会受到他的排挤。他没想到小高会来找自己，更没想到小高还提出了向自己学习的想法。后来，在他的帮助下，小高很快地熟悉了环境和业务。

【心理解读】爱排挤他人的人，心理是非常矛盾的，他需要的并不是你真的去向他学习——其实，他在内心深处也不会认为你什么都不会，他真正需要的是你的尊重。因为，他一直不被尊重，而当你真诚地去向他学习时，他的心理防线便会立即崩溃。

与这种人交往，与其对抗，不如接纳。如果你选择与他对抗，很有可能两败俱伤；如果你选择向他妥协并勇敢地接纳他，日后他一定会成为你的贵人。

【攻心策略】遇到这种情况时，哪怕对方对你的态度再糟糕，只要不涉及原则性问题，你便不能生气，依然要当他是你的朋友一样去对待。慢慢地，他就会改变对你的态度。

（3）维护他人的自尊心

【场景】一个人对另一个人说："你帮了我那么大的忙，我都不知道该怎么谢谢你呢。"另一个人说："那就请我吃顿饭吧……"

【行为描述】小江在各方面对黄敏都很关照，这让黄敏的心里有了一定的压力，以致在他们以后的交往中，黄敏心里感到很不平衡。

小江也感觉到了这一点，但他不知道该怎么办。

【心理解读】帮助他人的时候，我们满足了自己的"自尊心"，反过来，我们接受他人太多的恩惠，自尊心无形中也会受到伤害。

【攻心策略】面对这类人，你可以适时地去"麻烦"一下他。比如，借口老婆外出，又不喜欢吃外面的饭菜，去他家里蹭一顿饭……这样便能让他找到自尊，从而让你们今后的交往平衡起来。

7. 恭维时观察领导的表情

当一个人赞美另一个人的时候，如果对方没有做出语言上的表示，则需要通过他细微的表情来观察他的反应。因为，表情常常会泄露一个人的内心，我们通常可以根据表情判断他是高兴还是生气了。

如果之前我们对他的夸赞没有达到效果，我们就可根据他的表情反应及时改变话题，以达到预想中的效果。

（1）眼睛变细

【场景】一个人将恭维的话记在了手心里，对着手心念着："我早就听说您是一个爽快人……"

【行为描述】销售总监张生性情高傲，一般人很难接近。有名外地来的销售代理，早就打听好了这位领导的脾气，一见面就微笑着递给他一支烟，恭维道："张总监，我早就听人说您是个爽快人，办事认真，富有同情心，特别是对外地的代理商格外关照。我这回就是奔着您来的，我这人特爱跟您这样的领导打交道，痛快！"

张生没搭话，眉毛也没动，眼睛却变细了。销售代理知道有戏，赶紧把要办的事情一五一十地说了。果然，之后事情办得很顺利。

【表情解读】眼睛变细，说明被恭维者喜在心里。这类人天生表情冷漠，但没人会拒绝赞美之词，尤其是到位的赞美话会更令人心情舒畅——表情自然会有所流露，哪怕只是一瞬间、一点点，只要善于观察都能发现。

此时，赞美已经奏效，可以拉入正题了，因为这种恭维的方式不过是为了使高傲者改变态度，是交际的序幕——如果一味地赞美而不及时转入正题，就失去了意义。反之，如果对方的表情仍然严肃或者嘴角向下，证明不是谈事的时候，闲聊几句便借口有事要离开，下次再找机会谈正事。

【攻心策略】高傲者多看重自我形象，并往往自我感觉良好。在与他们打交道时，你不妨采取投其所好的方式，对其业绩、学识、才能等给予实事求是的赞美，使其虚荣心、自尊心得到满足。这样既可以缩短你们之间的心理距离，同时还能起到左右对方态度的作用。

（2）脸下垂，变得细长

【场景】一个身上写着"领导"二字的人板着脸，另一

个人弯着腰说："领导，您的脸怎么下垂了呀？"

【行为描述】小胡有点急事，进领导办公室时忘了敲门，刚好碰到同事在给领导送礼物，三人都觉得很尴尬。

小胡本想缓和一下气氛，便夸赞礼物漂亮，很适合领导。哪知气氛没有得到缓和，领导的脸还垂了下来。小胡赶紧撤出办公室，心里七上八下的，不知该如何是好。

【表情解读】很明显，这种表情像是阴天，甚至可以说是雨天。小胡在这种时候进行恭维，让领导很尴尬。原本，他可能要拒绝送礼者，但被小胡这么一恭维，反而陷入了两难的局面——拒绝不好，收下也不行。领导都是聪明的，不然怎么会当上领导呢？所以，即便是恭维，也不能有任何干预倾向。

【攻心策略】当恭维失效，领导有生气的表现时，应立即开始新的话题，将彼此的注意力分开，避免尴尬。当然，最好在选择夸赞的主题时先考虑清楚这么说合不合适，不要说有损领导面子的话。

此外，当看到貌似"阴雨天气"的表情时，直接逃离现场是一种不成熟的行为，不但影响自己在领导心目中的形象，还会断送升职的机会。

（3）嘴角向后咧，脸蛋上移

【场景】领导："这个月的业绩怎么这么差？"员工："因为没有得到您的亲自指导……"

【行为描述】某百货公司的时装专柜，一段时间内被顾客纷纷投诉，指责说售货员吴红的服务态度不佳。

当吴红被专柜主任叫去办公室时，还没等主任开口，她一进门便先恭维顶头上司道："主任，您向来销售经验丰富，可不可以传授给我一点呢？您知道我的业务水平没有提升，最近心情可不好了，您要是亲自对我进行指导，我敢保证下个月的业绩肯定能提高。"

只见专柜主任的嘴角慢慢地向后咧，然后脸蛋上移，表情完全放松了。当吴红再次态度诚恳地承认错误时，不但没受到批评，反而还得到了上司对其业务上的辅导和关照。

【表情解读】出现嘴角向后咧、脸蛋上移这种表情，说明对方心里已经拨云见日。人心都是肉长的，领导听到下属的称赞，气就消了一大半，加之下属认错态度端正，自然也不忍心再去责怪了。

这种领导其实是非常聪明的，他们深知严肃处理只会激发下属的逆反心理，倒不如做个顺水人情，给下属主动认错的机会，让他们在日后的工作中发挥优点，同时也改掉

< 167 >

缺点。

【攻心策略】一般情况下，下属如果犯了错误，可以用称颂领导的方式先缓缓气氛，只要是比较宽容的上司，这一招都是管用的。

在恭维的过程中，如果看到对方的表情已由阴转晴，那么，你就可以诚恳地承认错误了。如果有不明白的地方，你可以及时请教领导，对方也一定会因为你的谦恭而不忍心严肃批评你。

但是，你一定要言行一致，在日后的工作中取得好成绩——不然，你的恭维就是给领导脸上抹黑了，同时也会给对方留下不好的印象。

8. 交谈时注意领导的语调

语调是语言的"灵魂"，是语言中抑扬顿挫的旋律模式。具体来说，它反映的是语音中除音质特征之外的音高、音长、音强等方面变化的旋律特征。

在日常交际中，语调也起着重要的作用，人们可以通过它来表达完整的意思，以达到交流的目的。沟通期间，你必然会表现出个人的赞成或反对、爱或恨等情态，这些因素不仅体现在词语的选择上，还会通过句子的语调表现出来。因此，只要说话就离不开语调，在与领导交谈时，我们不妨仔细分辨对方的语调，从中听出弦外之音。

（1）降抑调

【场景】一个人满脸通红，正在大汗淋漓地用双手刨地，试图找个地缝钻进去。

【行为描述】雷雨是一名业务员，业绩一直排在公司的前几名。可是，最近一段时间他的业绩一直在下滑，当然，他也在想办法突破。现在领导还不知道自己的业绩已经下滑，可是总不能瞒着不报吧。

思来想去，雷雨还是拿着报表去了领导的办公室。领导看了看他的汇报文件后，说："小雷，你最近工作挺努力的呀，只是业绩没怎么上去，我们还得加把劲儿！"

【领导语调解读】这里使用的是降抑调，这种语调一般用在感叹句、祈使句或表示坚决、自信、赞扬、祝愿等感情的句子里。

这种语调往往用作语重心长的嘱咐与祝愿，比批评更能让下属容易认识和提高自我，不失为一种良好的鼓励方式。

这位领导之所以用这种语调，是因为他对雷雨寄予了厚

望——在他眼里，小小的失败不算什么，他相信，只要共同努力一定会取得成功。这样的领导一般都比较宽容，愿意给他人改正错误的机会，同时也愿意与下属同甘共苦。

【攻心策略】面对这种领导，你可以适当地承认错误，但不能过于展现低落的情绪，因为对方并没有责怪你的意思，而且希望看到的是一个自信、越挫越勇的你。

（2）曲折调

【场景】一张 300 万元的生意单子在飞，某人拼命地追啊追，嘴里大声地喊道："这张单子是我的啊……"

【行为描述】很长时间内，公司领导一直在洽谈一笔生意，眼看就可以签约了，由于公司事务繁多，他就将这笔生意交给了小宋负责。可小宋辜负了领导的重托，与客户洽谈失败了——为此，他很内疚，不知道该怎样去面对领导。

但小宋还是硬着头皮去向领导报告了此事。领导听完他的报告后，说："小宋呀小宋，这是一单 300 万元的生意，不是 300 元，也不是 3000 元，你怎么就……唉！"

【领导语调解读】曲折调用于表示特殊的感情，出现在表示讽刺、讥笑、夸张、强调、双关、特别惊异等感情的句子里。在这种句子中，某些特殊的音节会特别加重、加高或拖长，形成一种升降曲折的变化。

这位领导一再强调合同没签成所带来的损失，虽然没有明确责骂下属，但那种讽刺与失望在其语调中已经展现了出来，显然他已经气愤到无话可说了。这种情绪，只要是稍微敏感一点的人都能听得出来。

【攻心策略】对于这种领导，当你不小心犯了错误时，认错态度一定要非常诚恳，而且不要有任何顶撞和解释，因为对方正在气头上，他要的是结果而不是过程——在他眼里，任何解释都是多余的。所以，放低姿态是保护自己的最好方式。

当然，事后你可以写一份检查递到领导手上，对自己的失误表示深刻检讨，对日后的工作也要有明确的计划，以缓和两人间的气氛。

（3）高升调

【场景】太阳下山了，领导对面的座位空无一人，领导抬腕看着手表，自言自语道："莫非还要我亲自去请？"

【行为描述】上班时，总经理便吩咐办公室主任下午两点半全体员工开会。主任当时答应得好好的，可事后竟然忘记提前通知大家了。下午上班后，主任才想起开会的事，于是立即通知大家，但此时有不少人已经外出办事了。

由于领导交代了每个人都得参加，大家只能纷纷往回

赶。结果，到了开会时间还有一些人没到位。总经理对办公室主任说："不等了，开会！"

【领导语调解读】这里使用的是高升调，即先低后高，这类语调多在疑问句、短促的祈使句里使用，或者是在表示愤怒、紧张、警告、号召的句子里使用。很明显，这位领导对那些迟到的人员非常不满，但没有追究下去的意思。

【攻心策略】这类领导说话简短有力，他交给你的事，如果你没有按期完成，第一次他不会说什么——如果下次你不改正的话，他会新账老账一起算。但与他共事，你也不要过于紧张——只要细心对待好工作的每个细节，就能获得他的赏识。

9. 面对领导显得不卑不亢

与人交往时，要表现出独特的气质和魅力。而与领导交流时，更要有不卑不亢的心态，即每个人都应建立一种理想的自我形象——这往往被赋予了很高的价值。

虽然这种状态需要整洁的仪表、丰富的感情、敏捷的思维、畅达的语言表达能力，但无论我们想在领导面前显得多

< 172 >

么不卑不亢，都能通过一言一行体现出来。

（1）注意领导的眼神

【场景】一个人用充满杀气的眼神与一只老虎对视，老虎最终妥协了，说道："大哥，算你狠！你走吧，我不敢吃你了！"

【行为描述】早上，秘书小关给领导洗好杯子沏好茶，正准备走的时候，领导叫住他，可能想跟他聊几句。

这时，办公桌上的电话响了，领导让小关先坐一下，然后自己接起了电话。其间，领导为了照顾小关的情绪，几次将目光投向小关，而小关也大胆地与领导对视，领导脸上露出了淡淡的微笑。

【不卑不亢解读】当双方彼此面对面、相互注目时，如果过度紧张，往往会影响发挥，使自己的气质不能完全展现。在这种情况下，需要进行自我调控，强调自信。

这时，要充分看清自己的优势，保持头脑清醒，绝不能流露出半点不安和胆怯。稍后，这种紧张感会慢慢消失。所以，我们应随时调整好自己的音调、表情以便与动作配合，自然地发挥自己的魅力，给别人留下不卑不亢的印象。

【攻心策略】因为环境的变化，也许或多或少会让你产生紧张感。但这有助于让你的注意力高度集中，认真思考，

< 173 >

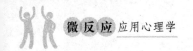
将你的自信充分展现出来，从而得到领导的认可和赏识。

或者，你还可以做点小动作，比如用手轻轻地拢拢头发。但是，千万别在这时清理嗓门，或将口袋里的钥匙、硬币弄得叮当响。

（2）保持好的习惯

【场景】一个人走路生风，将身旁的花花草草都吹倒了，花草大叫道："救命啊！"

【行为描述】因为工作性质的原因，肖工经常出入其他部门，多年来他养成了一个随手带材料或夹文件夹的习惯——即便领导找他谈话，也是如此。

领导曾多次当着众人的面夸赞肖工是一个做事讲究效率的人，大家对肖工也非常尊重。

【不卑不亢解读】在出入领导办公室时，如果两手空空，有时会因为紧张而无所适从。如果手里带有文件夹，走起路来就会挺胸收腹、肩膀平直、下巴上提、面带微笑，双眼闪烁着一种必胜的光芒。这样不但可以让人表现出一种讲究效率的形象，而且也会令自己自信很多，因此会得到他人及领导的赞许。

反之，如果一个人总是缩着肩膀，大腹便便，下巴松垂或者眼睛半睁半闭，从中就能看出他没有自信。

< 174 >

【攻心策略】虽然没人能够总是表现出一副精力充沛的样子，但你可以尽力而为，比如在走路时要注意自己的姿势，这一点最容易向人表露你的精神状态。不要经常无所事事地闲逛，这很容易被领导尽收眼底，从而损坏你的形象。

当你与领导面对面交流时，你最好将身体的某一部位靠在靠背上，整个身体稍微有些倾斜，摆出一种轻松而不是紧张的坐姿。当领导对你说话时，你可以通过微笑、点头或者轻轻移动位置，以便更清楚地注意到对方的言词方式，来表明你的兴趣与欣赏。

（3）注意领导的手势

【场景】下属用手捂住嘴，坐在对面的领导在心里犯嘀咕："难道……我今天早上忘了漱口？"

【行为描述】公司的销售主管因事辞职，领导要提拔一名新的销售主管，因为觉得小周工作积极，就亲自找他谈话。谁知小周因为紧张老是用手捂嘴，这令领导很不爽，觉得他心不在焉，很快就结束了谈话。

【不卑不亢解读】当与领导面对面谈话时，首先要懂得如何更好地倾听他讲话。当轮到自己说话时，可以先通过某些恰当的手势来吸引对方的注意，并强调谈话内容的重要性。因为，积极的手势不但可以使自我感觉良好，而且也会

使对方更易接受。

【攻心策略】与领导沟通时，你可以稍稍放松，身体前倾，把手肘撑在桌子上，将手指头轻轻并拢；或者摘下眼镜，然后用它来强调你想强调的论点，引起领导的重视。

值得注意的是，千万不要因为紧张而变得手足无措，这样只会让领导小觑你——即便你才华满腹，你也会因为心怯而失去被赏识的机会。

10. 搞定客户的攻心策略

客户就是上帝，如果跟客户搞好了关系，也就意味着你离成功不远了。但是，面对各种各样的客户，要想一一跟他们进行深层次的交往，似乎不是那么容易的事。

当今时代，谁有那么多时间浪费在一个人身上？这就需要我们通过一个人的表情、声音、动作等语言行为来进行分析，以便快速地与客户搞好关系。通过观察客户的表情，我们可以分清谁是重要角色，谁是陪衬，这样你就能在第一时间跟重要客户交谈，从而避免浪费时间。

< 176 >

（1）目光一直注视你的人

【场景】一个人用目光到处寻找，另一个人从桌子底下爬了出来："我在这儿呢！"

【表情描述】公司同时来了几个客户，销售主管小马立即迎了上去，但他一时不知道该先跟哪位讲话。突然，他发现有一个人的目光直视着自己，其他人的目光不是望着别处，就是漫不经心地对着他扫来扫去。小马认为，这个一直目视他的人一定就最该重视。

【主次解读】目光一直注视着你的人，肯定是重要客户，而他身边那些漫不经心的人可能是陪同他来的人，或者是他的下属。

【攻心策略】面对这种情况，你应该直接走向那个用目光一直注视着你的人，因为他才是真正的客户。中国有句古话叫"事不关己，高高挂起"，只有自己的事自己才会重视，对于别人的事，肯定是没有那么重视的。所以，真正来办事的人，从他的目光里便能看出来。

（2）反复交代的事

【场景】一个人走了很远，又走回来对另一个人说："不

< 177 >

要忘了那件事……"

【表情描述】那天，一位客户来到公司，销售代表小钱热情地接待了他。签完合同后，这位客户向小钱交代了很多事，临走的时候再次提起一件事，还要求小钱一定要将这件事记在本子上。

刚开始，小钱还嫌那位客户啰唆，后来仔细一想，觉得他是公司的重要客户，要尊重对方，于是按照对方的吩咐将所有事一一办好了。

果然，当小钱把客户嘱托的事办好后，客户很是高兴，不但表示会与小钱所在的公司长期合作，还在小钱的领导面前大赞他是个可塑之才。没过多久，小钱的薪水就涨了。

【主次解读】一件事是否重要，从客户的在乎程度上就可以看得出来。这是一种不由自主的反应，很可能客户已经跟你说过很多次了，但他依然会反复叮嘱，生怕你会忘记。

如果你重视并完成了客户交代的事，那么，他一定会感到很高兴。在接下来的时间里，你们的合作也将会更加顺利。反之，如果他的事没有得到足够的重视，你们的合作将会变得非常艰难。

【攻心策略】客户反复交代的事，肯定是最重要的事，所以一定要先去完成。只要你将这件事办成了、办好了，就赢得了客户的信任。当然，其他的事也得尽可能给客户办成办好。

< 178 >

（3）先交代的事

【场景】一个人紧紧地抱着一个罐子，罐子上写着"重要"两字。那人的另一只手却指着别人手里的罐子说："他的也很重要……"

【表情描述】一个客户在向小莫交代完自己的事情后，突然想起另一件事来。只见他看了一眼站在自己身后的人，像是对小莫又像是对身后的人说："哦，还有一件很重要的事，你得赶紧办了……"

小莫心领神会，明白对方突然想起来的这件事肯定得放在第二位。

【主次解读】有时候，客户会先交代你一件事，然后再当着某人的面说另一件事也很重要。其实，他先交代你的那件事才是真正重要的——他是出于好向另一个人有个交代，才特意交代你一次的。

【攻心策略】面对这样的客户，你没必要非得当着他和另一个人的面询问究竟哪件事最重要，你需要做的是，最好将两件事一起完成。因为，把客户的事办好总是不会有错的。

11. 用坐姿表现友好

人的行为方式多种多样，而每个人都有属于自己的动作和姿势，不同的坐姿代表不同的性格和心理。

在与客户交谈时，坐姿要自然大方。如果坐姿随便，会让人觉得没礼貌；如果正襟危坐，会让人觉得刻板、拘束。所以，你可以根据不同的环境或交谈的需要来调整坐姿。

（1）上身向前倾

【场景】两只蚂蚁撅着屁股面向对方，它们各伸出一只手来击掌，欢呼说："耶，我们是好朋友！"

【坐姿描述】小葛在倾听别人讲话时，总是习惯性地上身前倾。一天，在接待一位客户时，因客户说话的声音不大，他有点听不清楚，于是不由自主地又将身子前倾过去。

客户见小葛上身向自己这边倾过来，并在认真地听自己讲话，非常高兴。最后，他们愉快地结束了谈话，并成功地签约了。

【坐姿解读】当你聆听一个人讲话时，上身前倾会显得更有诚意，也更容易拉近你与对方的距离，从而赢得他的好感，合作成功的概率会更高。

【攻心策略】面对客户时，要是听不清楚他的话，光转头是不对的——一定要把身子也转过去，最好身子和头都是正的，上身可以略微前倾。以这样的姿势对着说话的人，是一种非常友好的表现。

（2）将椅子对着客户

【场景】两把椅子亲密地靠在一起说："咱们好好合作吧！"

【坐姿描述】有一回，小姜与客户交谈时因感觉椅子的角度不对劲儿，便轻轻地将椅子移了一下，这样正好与客户面对面。虽然小姜只是做了一个小动作，却让客户看在了眼里，感到很舒服。

【坐姿解读】与客户交往、谈判时，你们之间的关系十分微妙。

特别是在面对新客户时，你的一举一动都非常重要。这时候，你就可以通过一些肢体动作将彼此间的关系拉近。比如，坐姿——如果在坐姿上没有文章可作，不妨动一动椅子也能起到促进沟通的效果。

【攻心策略】在与客户交谈时，如果感觉气氛有些凝重，你可以调整一下椅子的位置，让椅子代表你来面对客户，这也是一种表示亲近的办法。而且，就算你调整椅子时只是做了个样子，没有变动椅子的位置，也会给人很有诚意的感觉。

（3）把上身挺起来

【场景】一个人陷进了沙发里，另一个人问："你在哪儿呀？"那人从沙发里伸出一个脑袋，说："我在这儿呢！"

【坐姿描述】有一回，小陈到客户的办公室里去洽谈业务。由于对方办公室的沙发较软，小陈一坐下去，就感觉像被沙发吸了进去。于是，他随手拿了一个沙发枕头垫着，这才将上身挺了起来。接着，他们进行了一次愉快的交谈。

【坐姿解读】如果陷进软沙发，会造成衣领向上移动，下巴向内收，臀部陷下去，膝盖变得高起来。这时，整个人看起来特别懒散，没有精神，无疑会给自我形象减分。

【攻心策略】如果沙发软而且深，可以在后面加个垫枕，把上身挺起来，或根本不往后靠，这样看起来会有精神，而且感觉态度诚恳得多。

12. 学会做一个好听众

无论在任何场合，善于倾听能够帮助我们建立良好的人际关系。面对客户时，如果你是一个合格的听众，在处理问题时必能做到进退有度，游刃有余。

有人以为，客户听你说就行了，其实客户并不只是被动地接受劝说，他们也需要表达自己的意见和要求，这样就需要得到另一方认真的倾听。

生意场上，做一名好听众远比自己夸夸其谈有用得多。如果你对客户的话感兴趣，并且有急切想听下去的愿望，那么订单通常会不请自到。

（1）注视说话者

【场景】一个人正滔滔不绝地讲话，另一个人则在认真地倾听。

【听众描述】那天，当肖雷将产品情况向客户介绍完以后，客户虽然很满意，但觉得还有一些地方需要沟通，于是

便不由自主地谈起了自己的看法。

肖雷自始至终都注视着客户，而客户表达完自己的意见以后，并没有对肖雷提出什么要求，而且还顺利地完成了合作。

【听众解读】很多时候，客户之所以觉得一件事还有需要沟通的地方，并不是它真的存在问题，而是觉得你对它不够重视。当他发现你在认真地关注他、倾听他讲话，这会消除他此前对你的误会，并觉得你是个可以合作的客户。

【攻心策略】面对正在讲话的客户，眼睛要注视着对方，并且不要轻易打断他说话，可以时不时地点点头，示意"我在听"，这是一种很好的倾听方式。对方感受到你对他的尊重后，也会更有信心地将话题讲下去。

（2）集中精神倾听

【场景】一个人在不停地说话；另一个人却双唇紧闭，一只蜘蛛在他的嘴边结网，他也没开口。

【听众描述】一天，阿彩在听客户讲话时，几次都想打断客户的话，因为她觉得有必要对客户解释一下他的质疑。不过，幸好阿彩没有打断客户的话，因为客户表达完自己的想法以后，表示很理解她的做法，并且肯定她的某些做法是对的。

【听众解读】其实，并不是所有的质疑都需要解释。客户在提出问题的同时，他也在寻找答案。如果他找到了答案，就不需要你来解释了，而且他找到的答案比你的解释更加能令自己信服。如果在他表达自己的想法时，你执意要解释原因，且你的解释没有得到他的认可，便有可能将事情搞得更糟。

【攻心策略】认真地听，不说话或者少说话，这才是一个好的倾听者。当客户有质疑时，你可以先耐心地听他说完，可能他在叙述的过程中就找到答案了。如果客户依然存在疑问，由于他已经表达了自己的想法，从心理学的角度来看，他已经得到了被人重视、尊重的心理需求，此时你可以耐心地解答他的疑问，他也会更容易接受。

（3）搁置感情

【场景】一个人正滔滔不绝地说着话，另一个人则在认真地听着，嘴里还不时这样回应对方："嗯""是"。

【听众描述】在跟客户交流时，叶青虽然话不多，却喜欢用"嗯""是"等词来鼓励和肯定客户的观点，而这总是能让客户愉快地将自己想说的话全都说出来。这样，他们的合作总是非常愉快。

【听众解读】尽量忘记自己的烦恼和问题，把它们统统

留在会议室门外，因为它们会让你没法好好地倾听。并且，在倾听的过程中，还可使用各种小技巧，这不限于语言表达的技巧，如眼神交流、身体接触等都可以传达信息。

【攻心策略】给对方一点时间，让他完整地表达自己的想法——当他说到重要处时，你可以将注意力放到他的言语、思想和感情上，还可以进行简短的回应，比如"嗯""是"，或者点一下头，这些都是对说者的鼓励。

（4）边呵呵地笑，边说"对""是""没错"

【场景】一张大嘴正在往一个水渠里灌水——水渠是由写着"对""是""没错"这些字样的砖头砌成的。

【听众描述】有一回，何蓉遇到了一位健谈的客户，在大约两个小时的交谈里，何蓉总是呵呵地笑着，还不住地说"对""是""没错"。正是因为何蓉的这些表情回应，当谈话结束后，客户意犹未尽，表示以后还将继续合作。

【听众解读】这种肯定性的简短语言，配上呵呵的笑声，能使一个人的谈话变得酣畅淋漓。同样，这也会使人的心情变得格外地好。这种回应方式最适合那种健谈的客户。

【攻心策略】一般来说，健谈的人并不喜欢与另一个健谈的人交谈，所以当面对这种人时，你只需要不断地肯定他的谈话就行了。

13. 做一个好的提问者

在职场里，有效且得体地与客户沟通是一种不可忽视的学问。一种友好的、人性化的提问方式，能促进与客户之间真诚的交流。懂得倾听是最佳的沟通方式，但前提是必须让客户说话，而要想让客户开口，首先你要学会提问才行。如果你的提问能激发客户讲话的欲望，那么你们的合作已经接近成功。所以，做一个好的提问者非常重要。

（1）"为什么？"

【场景】一个人问："为什么？"另一个人说："不为什么。"那人又问："为什么不为什么？"另一个人的头都大了，说："我还是全说了吧。"

【提问描述】客户张先生很固执，他总认为在职场中要信奉"少动，不说，多听"的原则，所以，平时与人交谈时他都会不着痕迹地隐藏自我。

某公司销售员阿莲接待张先生时，由于不知道他到底需

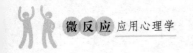

要什么，于是她每每都会认真地提问，并给出最好的解决方案。张先生觉得阿莲提问时就像学生在向老师提问一样单纯、可爱，也很愿意回答她的问题。

【提问解读】通常情况下，客户不愿意主动透露自己的相关信息，这时候，如果你总是让他一个人发言，那么沟通就会显得非常单调。而且，这种缺少互动的沟通往往无法达到目的。

为了能使双方进行更好的沟通，当你找不到话题时，可以利用客户的话题适当地提问，以此来引导对方向你敞开心扉，最终达到了解客户并形成合作的双赢局面。

【攻心策略】向对方提问是获得答案的最好办法，不过，在提问的时候千万不能做出审犯人似的模样来，这样只会令人反感。

你应该以一种虚心向人学习的虔诚态度来提问，这样，客户就会在心情舒畅的情况下将藏在心里的话说出来。

（2）"怎么样？"

【场景】两个人面对面地谈话，中间隔着一张桌子，一个人的面前写着"怎么样"，另一个人面前写着"就这样吧"。

【提问描述】董先生是一家海外化妆品公司的总经理，

由于公司的知名度很高，所以许多广告策划公司都希望能跟他合作。

不过，董先生寻找合作伙伴有自己的原则——他早就制订好了广告宣传方案，但不会透露给广告公司。他会根据对方提供的策划方案，挑选一个最符合自己想法的策划案，如果对方没有 get 到他的想法，他就会放弃合作。

某广告策划公司总监刘艳早就打听到了董先生处事的这个特点，于是她特意约董先生见面，谈一谈她对产品广告策划的想法。不过，与其他人不同的是，刘艳在与董先生沟通时没有立刻说出自己的创意和想法，而是适时地提问对方"怎么样"。

在刘艳的询问中，董先生不知不觉地透露了自己想要的广告效果，而且最后选择了最合他心意的刘艳公司的策划案。

【提问解读】以"怎么样"来提问是一种引导性的提问方式，通常而言，只要不是绝密资料，客户都会慢慢地告诉你实情，毕竟他们也需要找一个合作伙伴。

【攻心策略】面对不愿意透露想法的客户时，你确实需要运用引导性的提问方式，才能将他的"实话"问出来。但是，你需要准备一些似是而非的"方案"来向他提问，才能达到最佳效果。

这个方案不能是已定的，或者说是全面的、已成形的。

< 189 >

也就是说，你是在以不够成熟的想法去试探对方。通过试探后，他就会被你慢慢地引入设定好的"圈套"里。

（3）"您是对的，但是……"

【场景】一个人在雨中散步，因为天上下着毛毛雨，所以他没带伞。当回到家时，他突然发出了惊叹："我的衣服怎么全湿了？"

【提问描述】李倩遇到一个非常不善言谈的客户，好几次，客户都无法准确地表达自己的想法。幸好李倩的脑子转得快，她适时地以"您是对的，但是……"来提问。

李倩的"但是"让客户有了说下去的冲动，并且终于说出了心里想说的话，达成了合作意向。

【提问解读】"您是对的，但是……"首先肯定对方，再提出意见，这样的提问方式较易让人接受。因为，每个人都渴望自己的想法被认同、被肯定，而你在对方的基础上做些修改，大多数人都能够欣然接受。

【攻心策略】以"您是对的，但是……"来提问非常有效，但一次性不能提出太多的"但是"。也就是说，你不能将所有的问题用一个"但是"表达出来，这样会给对方造成压力。如果将问题分散到很多个"但是"里提出来，将会获得意想不到的效果。

14. 放慢语调吸引对方注意

在日常交往中，并不是每个人都能引起别人的注意——特别是在公共场合，一场活动结束了，许多人甚至连照面也没打过一次，更别说能让人记住了。这时，如果你能适时地放慢语调，不失为一种引人注意的好方法。

（1）拖音

【场景】一个人将声音拖得老长了，一群人闻声跑了过来："啊，这里有一坛好酒！"

【语调描述】前段时间，某上市公司举办了一场大型聚会，邀请了许多有过合作的商界人士。

人事主管刘枫是一个特别有上进心的人，他便想趁机结交一些优秀人士，以便为以后的前程铺路。但是，要想一下子结识那么多人，确实不是在短时间内能办到的。于是，刘枫找了个当众发言的机会讲了一段话。其间，他突然放慢了语调，同时还将语音故意拖得老长，结果他一下子便被大家

记住了。后来，有不少人主动找他交流。

【语调解读】先将语调放慢，再将语音拖长，这种打破常规的讲话方式往往一下子能将别人的注意力吸引过来。

采用这种方式很好，但前提是你的方案或者项目确实要无可挑剔。也就是说，这种方式只适合那种"好酒也怕巷子深"的情况。如果你真是一坛好酒，而又处于深巷子里，那么你的拖音将会是最好的广告。

【攻心策略】拖音几乎人人都会，问题是要懂得在何时用拖音。有两种方法可以达到这样的效果，一是当你快速地讲话时，突然将音调拖长；一是当你说话时的音调很高时，突然放低声调并开始拖音。

（2）停顿

【场景】前面的人走着走着，突然停下了脚步。后来者正在看着别的地方，结果一头撞上前面的人，他不好意思地说："如果不是你突然停下来，我还不知道自己在梦游呢！"

【语调描述】有一次，曹文在跟一位合作者洽谈业务时，那位合作者可能正在走神，并没有注意听他的话。曹文不好意思提醒他，于是想出了一个办法，那就是适时地停顿。每当他停顿下来时，那位合作者就会将注意力集中到他这里来。

【语调解读】遇到这种情况时，你可以适时地放慢语速，或者干脆停下来，等将对方的注意力吸引过来后接着沟通。对于心不在焉的合作者，也就是那种想跟你合作同时又想着其他事的人，这不失为一种好方法。

【攻心策略】客户出现像上述情况的原因有很多种，如果是因为其他原因，比如家里发生了重大变故之类，你应该主动询问，及时给予关心并中止谈话，留待以后找机会再谈。

（3）沉默

【场景】一个人在大声地说话，面前流淌着一条河。另一个人紧闭着嘴，面前是一块干涸的田。于是，后者用瓢将河里的水舀向了自己的田。

【语调描述】老肖的嗓门较粗，声音也大。有一次，他跟同事老吴交谈时，声音大得让老吴受不了，而且还没有老吴说话的份儿——就算老吴开口说话，他也不让，依然敞开大嗓门说着自己想说的事。

为了引起老肖的注意，老吴突然放慢了声音，但依然不见效果。接下来，他便干脆不说话了。在沉默了大约几秒钟后，老肖的注意力才被他吸引了过去。

【语调解读】你之所以大声说话，原因不外乎嗓门较粗，或正处于愤怒的情绪中——发怒或环境嘈杂时，声音会不知不觉地提高。遇到这种情况，只有适时地保持沉默，才有助

< 193 >

于吸引对方的注意力。有时候，沉默是对吵闹最好的还击。

【攻心策略】在嘈杂的环境里，你越是大着嗓门说话，反而越让人听着吃力。如果你放慢声调，情况就会马上好转。如果你干脆保持沉默，只用表情交流，也会达到不错的效果。

15. 批评者不能忽视的心理效应

能够批评他人的人，一般都是领导，或者是资质较深的人。要真正领略批评艺术的真谛，还需要掌握一些批评的心理原理，使批评更有针对性、实效性。

而一个批评者在批评别人的时候，自己又很容易产生某些心理效应，从而影响批评的效果。这些心理效应都是不能忽视的，因为如果批评者忽视了自己的心理效应，那么批评也就成了空谈。

（1）首因效应

【场景】员工："我的工作已经完成了，现在可以下班了吧？"主管："你长得这么丑，还能完成工作？"

【效应描述】公司在招人时，主管老姚对小程的形象有点不满意，因为小程在脑后扎了个马尾——又不是女孩子，扎个马尾简直不像话！但因为当时急需人手，所以老姚才勉强让小程进了公司。

一次，小程因为一份设计方案与另一位同事发生了分歧，于是两人一起去问老姚。老姚想都没想便否定了小程的意见，并对他提出了批评。结果，小程因不服气而辞职了。事实证明，小程的意见是对的，老姚的批评错了。

【效应解读】什么叫首因效应？它是一个人对另一个人的第一印象，以及由此产生的一种心理暗示作用。这种先入为主的第一印象，能在一个人的心中保留较长时间且很难改变。

比如，你第一次与一个人见面便不喜欢他，以后再交往时也就不会对他有什么好感了。反之，如果第一次便觉得对方不错，以后就是明知他有一些小缺点，也不会对他产生排斥心理。

【攻心策略】批评人时，应该就事论事。在没有了解事情的经过时，不要轻易下结论。哪怕你认为一个人肯定是对的，也得在获取了全面的信息后才能对他做出评价。

（2）晕轮效应

【场景】众人一致指向一个人："是她错了！"领导却说："她长得那么漂亮，怎么会出错？"

【效应描述】领导一直看好小许，小许也以此为荣，所以不管做什么事，他都比别人胆大。一次，他终于闯了祸——因为没有控制好自己的言行，得罪了一位大客户，让一大笔订单损失了。

为此，领导狠狠地批评了大家。大家都觉得委屈，有人指出，这事是小许的错误。但领导执意将这个错误记在了大家的头上，这让大家的心深受伤害。

【效应解读】晕轮效应，又被称为光环效应，意思是：一个人在看待另一个人时，觉得对方的某一特征非常突出，给自己留下了深刻而美好的印象，那么对方的这一特征便会掩盖他的缺陷，从而让他那一突出的特征像月亮形成的光环一样笼罩着他，以致难以看出他的缺陷。

这种心理效应可不能忽视，因为一不小心便会让你犯下"看错了人"的错误。

【攻心策略】如果你一时拿不定主意，可以考虑少数服从多数的习惯——毕竟群众的眼睛是雪亮的，当然，这种方式有时候也可能有误差，但差错率不会太大。

（3）思维定势效应

【场景】上司的脸刚刚沉下来，员工马上站起来说："现在是晴转多云！"

【效应描述】那天开晨会，当上司正准备提醒小余时，小余马上回答道："那件事，我今天一定会处理好的，绝不拖您的后腿！"结果，上司的话一下子噎在了喉咙里，因为他不知道还应不应该讲出来。

可是，让上司生气的是，几天后，小余还是没有将那件事处理好。当上司气冲冲地准备批评小余时，小余又立即抢着道歉——上司为此更加生气了。

【效应解读】当一个人批评别人时，对方的行为、态度形成了一定的模式后，往往批评者还没开口，被批评者就已经明白了。于是，他在心理上便会做好应对措施，而这会影响批评的效果。这就是思维定势效应。

【攻心策略】要想避免这种效应的产生，让批评"不打折扣"，可以多准备几种批评方法。因为，批评的单一形式是造成这种效应的主因。比如，你可以面带笑容地对他人进行批评，也可以采用眼神、手势等非语言的方式，这往往能让你的批评达到无声胜有声的效果。

第六章

提升自我的心理策略

在人际交往中，一个人的形象非常重要。

形象又分内在与外在。一个有内涵的人，会由内而外地透出一股良好的气质，他的面部表情、说话语气、语调、走路姿势，无不令人欣赏。

所谓有涵养，就是与之相处舒服。

在人际交往中，要想让人们对你心悦诚服并不是一件容易的事。

权和钱有时候能让人服从于你，但那不会是心悦诚服——人家表面上顺从你，但心里并不愉悦。所以，唯一的办法就是从内心入手，抓住他的所思所想，并满足他的心理需求，这样才能真正让他心悦诚服。

但是，外在也不能忽略，比如发型、穿衣、打扮，等等。

一个善于打扮的人，也可以弥补内在的不足，让人赏心悦目的同时，也自然地产生亲和力。

1. 表现自己的真诚

与人交往的时候，表现自己的真诚，让别人相信你是在真心与他交往，这是让人心悦诚服的最好方法。但是，我们应该怎样来向他人表现自己的真诚呢？比如，当一个人对你产生了误会时，你可以主动向他赔礼道歉；或者，真诚地向他的朋友请教怎么处理；再或者，无条件地去帮助对方。这些都是向他人表现自己真诚的好办法。

（1）赔礼道歉

【场景】一个人端着一碗水正准备送给另一个人，没想到那人的手里也端着一碗水，并说："你喝口水吧。"

【表现描述】同事贾雨与何希为了一件小事闹了意见，虽然过后她们都觉得不值得为那点小事翻脸，但因为害怕丢了面子，都不想主动与对方和好。

后来，贾雨终于鼓起勇气走到何希面前，就在她准备向对方道歉时，没想到何希居然先于自己表示了歉意。从此，两人和好如初。

【真诚解读】越是小事上的错误，越要真诚地去赔礼道歉。只有这样，才能证明一个人为人处世的态度，而这种良好的态度与人格魅力会让人真正地对你心悦诚服。一个人如果时时处处能够做到向他人表现自己的真诚，那么他与人的交往便会变得畅通无阻，成功之路也会更加宽阔。

【攻心策略】其实，大家都知道，道歉才是重新赢得友谊与帮助的关键所在，但有时候人们就是抹不开面子。这时，如果你不想面对面地去向对方说对不起，也可以通过其他方法让他明白，其实你早就不生他的气了。比如，当着别人的面说一说他的好话，让别人当你的传话筒；或者让花店给她送一束鲜花。

（2）虚心请教

【场景】大象虚心地向猴子请教："请问，你是怎么摘到树顶上的桃子的？"

【表现描述】李勤在去分公司出任总经理之前，分公司的管理相当混乱。他上任后，这种局面不久便得到了改观——这主要得益于他的虚心请教。

不管面对谁，李勤从来没有摆过架子。不但如此，他还经常到基层去向一线工人请教。他的虚心请教常常让员工感动备至，同时，这也让很多人对他心悦诚服。

【真诚解读】 水流需要疏，而不是堵。虚心请教无疑是一种让他人对你心悦诚服的好方法，只有真诚、平等地去对待他人，你才能获得同样的回报。而真诚地向一个地位低的人请教，最能激发对方内心深处的感动。显然，这样的人并不多，也正是因为不多，所以显得珍贵。

【攻心策略】 首先，你得明白一点：很多时候，向人请教并不是真的就能学到什么东西，更多的则是为了跟他人搞好人际关系。但是，你嘴里一定要说："我今天就是来向你学习的！"只要听到这句话，谁都愿意对你真诚以对。

（3）助人应及时到位

【场景】 大雪天，一家人围坐在冷清的炉子旁边，这时，一袋木炭突然从天而降……

【表现描述】 老马是一个热心肠，很多认识他的人都得到过他的帮助。他对人的帮助与别人不同，别人都是有人要求帮助后才给予帮助的——他却是主动去帮助别人，并且还是在他充分了解了别人的需要时及时地去帮助。

【真诚解读】 这种雪中送炭式的帮助，很容易让人对你

心悦诚服——能够做到这一点，你就离成功不远了。

主动、热心地去帮助别人，这是获得人心的最好方法。但要想真正做到这一点并不容易，那需要你有一颗细腻的心，还需要一双善于观察、富于发现的慧眼。

【攻心策略】要想做到及时、到位地助人，并且是去帮助那些真正需要帮助的人，其实也不难。首先得需要你用眼睛去看，看一看他人有什么困难。再就是用嘴巴去问，问一问他人困难的原因与大小。最后，便是尽你所能地去做了。

2. 使用赞美的语言

赞美是人们最深层的渴望与需要——每个人都期待得到他人的赞美，都希望自己的付出得到他人的认可。善于发现别人的长处，发自内心、真诚无私地赞美他人，能拉近人与人之间的距离，赢得对方的好感，创造融洽的交际。

但是，赞美的语言要恰到好处，符合实际，语气要温和亲切。如果你学会了如何赞美一个人，那么他就会对你心悦诚服。

（1）借第三者的口吻赞美对方

【**场景**】乌鸦对喜鹊说："你长得很漂亮哦！"喜鹊没搭理乌鸦。乌鸦又说："不是我说的，是猫头鹰说的。"喜鹊大喜。

【**赞美描述**】王磊经常听到上司当面赞美自己，虽然他心里很受用，但听得多了也就没什么感觉了。后来，他突然从一个同事的口里听到了上司对自己的赞美，居然深受感动。从此，他更加努力地工作，以报答上司的知遇之恩。

【**赞美解读**】多在第三者面前赞美你想赞美的人，是你与那个人改善关系、增进交往的有效方法。如果有一位刚见面的人对你讲："××经常跟我谈起你，说你是位了不起的人！"相信，你一定会油然而生愉悦的心情。

在一般人的观念中，"第三方"所说的话大多比较公正、实在。因此，聪明的赞美方式是以"第三方"的口吻来赞美——如此，你更能赢得被赞美者的好感和信任。

【**攻心策略**】对着一个人的面赞美他人，需要注意两个问题。第一，赞美应该到位，态度要真诚。第二，一定要当着他的朋友的面赞美他，如果你当着他的对手的面赞美他，那些赞美的话很有可能会变成讽刺的话。

< 203 >

（2）不要吝啬赞美之词

【场景】一个人面对一双大而有神的眼睛，赞美地说："多么迷人的眼睛啊！"

【赞美描述】余飞对自己的女上司很不满意，因为她不仅待人刻薄，而且蛮不讲理。对于这样一个人，余飞实在是喜欢不起来——既然喜欢不起来，那还怎么赞美？

但是，后来他发现，女上司很执着于自己的事业，于是他也慢慢地改变了自己的看法。由于开始用欣赏的眼光来看女上司了，有一天，他终于由衷地赞美了女上司一句——就是这一句赞美，大大改善了他们之间的关系。

【赞美解读】一般来说，如果你不喜欢某个人，有个简单的方法可以改变你对他的态度，那就是寻找他的优点——而且，你一定会找到他的一些优点。一旦你发现了他人身上具备的某些优点，你也就对他"另眼相看"了。

【攻心策略】对一个事业有成的女人来说，如果你夸她有能力、有才干，她也不会觉得有什么特别。因为，几乎每天她都会听到这样的赞美，你再怎么费力地赞美她，也没有效果。但是，如果你对她说："你的眼睛非常迷人。"相信她一定会喜上眉梢，认为你是一个有眼光的人。

（3）持续的赞美

【场景】一个人的面前突然掉下来一个馅饼，他不由得笑着拍起了手。接着，他发现又掉下来一只鸡腿，这次他笑得狂跳了起来。

【赞美描述】小许想赞美一下自己的合作者，因合作者喜欢唱歌，于是便说他的歌唱得好。合作者听了很高兴。

有一天，小许偶尔听到合作者在 KTV 唱了一首歌，又赞美他唱得简直比原唱还要好。合作者这次可不止是高兴了，甚至可以说是感动——他终于遇到了"知音"。当然，在以后的合作中，他也就更加配合小许的工作了。

【赞美解读】当你赞美了对方后，他表现出满意的态度时，记得不要就此结束，而应适当地改变表达方式，再次赞美他。因为，仅仅一两次的赞美会被认为是一种奉承，而重复赞美的可信度就会提高。

【攻心策略】赞美他人时，不宜将赞美点说得过多，因为人无完人——而应再三地赞美他的一个优点。比如，你发现合作者的头发乌黑油亮，第一次见面时你赞美了他的头发，第二次、第三次依然要赞美他的头发。这样，你便能加深他对赞美的印象。

3. 耐心听完对方的抱怨

　　社会之所以复杂，因为它是由许多人组成的，而人又是最为复杂的动物。所以，在复杂的社会里，要想让人们不要抱怨是根本不可能的。

　　可当这些事不可避免地发生后，聪明人肯定会耐心地倾听对方的诉说，并采用合理的方法化解、消除对方的抱怨。在这个过程中，聪明人就会赢得别人的信任。

（1）尽量避免争论

　　【场景】一头发怒的狮子，咆哮着冲进了一堆棉花里。

　　【抱怨描述】那天中午，当大家都在午休时，任思想起自己的工作还没完成，便去了打印室。刚走到打印机前，同事韩斌突然冲任思嚷道："原来打印机是你弄坏的，害得我被领导骂。"

　　任思正准备说打印机不是她弄坏的时，韩斌没等她申辩，接着说："有私人文件就拿到外面去打印呀，为什么一定要在公司里打印呢？"

任思感到非常奇怪，但她没争辩什么，直接转身离开了。后来，当韩斌怀着内疚的心情来向任思道歉时，她才知道原来是另一位同事利用午休时间打印私人文件时将打印机弄坏的。

【耐心解读】一个人面对误会时，很容易激发自己的怒气。这时，越解释可能会将事情弄得越糟糕——倒不如心平气和地选择暂时退让，等真相得到澄清后，误会你的人对你的看法也会来个大转变，这种转变，是任何争论都无法办到的。

【攻心策略】面对这种情况时，要尽量避免争论，这才是解决问题最好的办法。由此，你不但充分体现了自己的涵养，还能利用这个机会树立自己的威信，并让他人对你心悦诚服。

但是，这种退让的方法只适合于一些小事，并且还要是你确信能够澄清的才行。如果在你退让之后，事情依然没有得到澄清，你可以等误会你的人心情平复后再去解释清楚。

（2）问问对方的意见

【场景】拳击手Ａ问："你为什么打我？"拳击手Ｂ说："那你觉得我应该打谁呢？"Ａ说："打裁判啊！"

【抱怨描述】左建是一家公司的总经理，一天，一名职员怒气冲冲地跑来说："我要辞职！我不干了，这样干下去也是白干！"一见职员的态度，左建脸一黑，怒吼道："不想干就别干了……"职员当即甩手走了。

事后，左建的肠子都悔青了，他想："如果当时我不生气，而是耐心问问他原因就好了。"

【耐心解读】当别人向你说出自己的反对意见时，你最好保持沉默以克制自己的情绪，耐心地倾听他人的想法，也许他人的意见确实是正确的。如果他人的意见不正确，当他说出来时，你也能明白他究竟错在了哪里。

【攻心策略】遇到这种问题时，最好的解决方法是：你不需要说话，只需要耐心地听他人讲话。如果对方的话讲完了，你还是不太明白，可以再多问几个"为什么"。通常情况下，只要你问为什么，对方一定会告诉你事情的真相。

（3）适时做出让步

【场景】一个挑着担子的人，与一个空手走路的人在一条狭小的田基上相遇。空手走路的人马上一只脚踩在水田里，给挑担者让路，挑担者感激地说："谢谢。"

【抱怨描述】老马与合作者谈了个项目，合作者说好一个月内交货。可就在即将到期时，合作者却表示不能按时交货，并请求再宽限两天。

此时，距约定交货的时间只有两天了，但对方依然没有筹备好。虽然老马现在完全可以解除合同，而且对方还得赔偿他双倍的违约金，但他选择了让步，再宽限对方五天的时间。

事实证明，老马的决定是对的。如果他选择了让对方赔偿，只不过一时收获了小益。而他的让步，却赢得了合作者对他心悦诚服的敬佩，并获得了长远利益。

【耐心解读】无论何时，应对反对意见的最佳方法是：同意对方的意见。有时候，在小处让步反而会获得大局上的胜利。对你来说，退让不过是一碗粥，而对一个饥饿的人来说却是一条命。这样的让步最为高尚，也最能让他人对你心悦诚服。

【攻心策略】面对这种情况，千万不要犹豫不决。因为，你爽快的态度会令对方充满感激，同时在心里产生一种愧疚感，并在以后的合作中给予你更多的帮助。如果你是在犹豫了很久之后再答应，那么对方心里的愧疚感无形中便会被你不够真诚的态度给冲淡。

4. 用自信增强说服力

在人际交往中，增强说服力已经成为一种重要的交际手段，而增强说服力的方法有很多。社会心理学家研究表明，想要增强自己的说服力，不但要反复地进行口才训练，提升自己的文化素养——更重要的是，要了解别人的心理需求，这才是关键。

要想在人际交往中增强自己的说服力，首先要自信。当然，自信并非天生的，你需要通过后天的努力才能获得。

（1）树立大志

【场景】一个大人问三个小孩："你们想要什么？"想要太阳的小孩，得到了一个西瓜；想要月亮的小孩，得到了一根香蕉；想要星星的小孩，得到了一颗葡萄。

【行为描述】林源的志向是当一名伟大的科学家，后来他在一家工厂当了一名技术员。小周的志向是当大老板，后来他在一家民营公司当了一名主管。郑清的志向是吃饱穿暖，后来他在一家公司当了一名普通职员。

【自信解读】每个成功者都有伟大的梦想。一个人成功的可能性，取决于他梦想的大小——梦想越大，压力越大，动力也就越大，那么实现梦想的可能性也就越高。

【攻心策略】树立大志，然后努力地去实现它。在实现的过程中，每天还要在心里想一遍，并适时地调整方向，看自己是不是偏离了梦想的轨道。

（2）多想你会成功，不要想你会失败

【场景】一名学生的作业本上写的是"成功"二字，老师笑着在上面打了个大大的对号。

【行为描述】邹京是一名大学生，他经常想："我要把专业学好""我能成功"。正是在"我一定会成功"的思想指导下，他总是认真听讲、及时复习，在每次考试中都能取得好成绩。

其实，以前的他总是"怕"字当头——怕学不好专业知识，怕以后不好找工作。甚至，有一段时间他还天天找同学替自己签到，而他却在宿舍里呼呼大睡。结果就是，该掌握的专业知识他没掌握，英语四级考试他也没过。幸好他及时悔悟，明白怕是没用的，这才奋发图强，否则他连学位证可能都拿不到。

【自信解读】一个人遇到困难或挫折，他总是想"我能战胜它"，便会继续去努力。但是，如果他想的是"这实在太难了"，就会放弃努力。可见，成功者充溢着"我一定会成功"的信念，这种信念就是激发他走向成功的捷径。失败的思想会产生恐惧、自卑、逃避等负面情绪，于是失败也就会接踵而来。

【攻心策略】无论做什么事都要满怀信心，从心里认定自己会成功——这样，成功的信念就会变成强大的动力，推动你以积极的态度、饱满的激情付诸行动。只要认认真真地去做事，成功就会慢慢地与你接近。如果满脑子都是自卑、畏惧，你就会变得不敢尝试，而这也会成为成功的绊脚石。

（3）照照镜子

【场景】镜子里写着"自信"两个字，镜子外则是"成功"两个字。

【行为描述】小赵每天都要照一照镜子才会出门，因为他从镜子里为自己加油打气，赢得一整天的自信。

【自信解读】镜子，人人都照。照镜子可以提高一个人的自信，能让他充满信心，拥有好心情。我们站在镜子面前，对着镜子给自己一个微笑，告诉自己今天又是一个新的开始——看着自己自信乐观的形象，做一些能够让自己开心

的事，体会与心灵进行沟通的感觉。然后，我们多做几次深
呼吸，让这种感觉遍布全身，这样更能肯定自己——你就会
因此而发现生活充满了希望。

【攻心策略】每天起床以后对着镜子给自己一个微笑，
告诉自己生活充满了希望；每天出门前对着镜子给自己一个
微笑，告诉自己今天一切都会很顺利；每天睡觉前对着镜子
给自己一个微笑，告诉自己要做个好梦。不多久，你会发现
自己其实很幸福。

5. 穿着体面的服饰

虽然这是一个标榜个性的时代，人们在穿着上有着很大
的自由度，但要想获得别人的尊重与赞赏，还是需要穿戴得
大方得体。穿着体面的服饰，从衣服、领带、鞋子到各类饰
品，都应合理搭配，自然协调，让自己在人前精神百倍。这
样，你不但能充满信心，而且能赢得更多的人气。

< 213 >

（1）纯白的西服套装

【场景】一只乌鸦掉进了石灰里，众乌鸦一齐指责："我们都是黑色的，你为什么是白色的？"

【服饰描述】在第一次公司例会上，戴君穿了一套纯白色的西服——所有人都穿着稳重的深色西服，白色西服便显得扎眼而滑稽。领导见了，虽然嘴上没说什么，但他的脸色明显地暗了下来。戴君也感觉到了，但更换已经来不及了，只得硬着头皮将会开完。

【服饰解读】喜欢穿纯白色西服的人，一般心性较高，自认相貌、才能出众。在正式场合，人们一般都穿深色服饰，以示沉稳。而纯白色西服不但醒目、刺眼，还会显得滑稽和尴尬。当然，在婚礼上或运动场合，全身白色的打扮依然是得体和帅气的。

【攻心策略】一般自视较高的人，都想穿得与众不同些。但需要注意的是，在公司大型活动时不可太过抢眼，要跟集体保持一致，平时则可以在尽量得体的情况下穿出独特的个性，以提升自己的形象。

（2）领带系得过长或过短

【**场景**】一条长长的领带，跟一条短短的领带相互指责，甚至扭打了起来……

【**服饰描述**】小尚戴的领带不是过长就是过短，这让他走起路来显得非常滑稽。更让人觉得好笑的是，他的胸前口袋中还放着烟和笔，撑得鼓鼓的。

一次，小尚去跟领导汇报工作，因为领带系得太长，一不小心将领导桌上的茶杯带倒了，茶水溅了领导一身。而且，小尚口袋里的烟和笔也撒落了一地。这让领导很是不悦，小尚也尴尬不已。

【**服饰解读**】将领带系得过长或过短，不但有碍观瞻，而且会让他人对系领带者产生一种不好的印象——这种人心思不够细腻，办事比较马虎。因为，领带过短则压不住衬衫，仿佛脖子上套了根绞索，又好像大人系了根孩子的领带；过长则易左右晃荡，显得不稳重。

【**攻心策略**】一个人的才能固然重要，但生活细节也得重视。如果实在不懂穿着，可以专门去培训中心学习，比如学会怎样打领带等交际礼仪。只有在生活细节上完善了，才能提升自己的形象。

（3）鞋子应保持光洁

【场景】一双鞋子哭丧着脸，对主人说："你还是将我擦擦吧，你不要面子，我还要'脸'呢！"

【服饰描述】凡是认识小高的人都会说："小高这个人哪，好是好，就是不注意自己的形象，特别是穿着方面太随意了。"其实，小高是个极其讲究穿戴的人，不管何时，他都穿着西装、领带、皮鞋，只不过，他就是不爱擦鞋。

【服饰解读】喜欢穿皮鞋，但又不喜欢擦鞋的人，一般勤劳肯干，是那种能够吃苦耐劳的人。因为经常在外面跑，鞋也最易弄脏，久而久之，他自己习惯了，以为别人也不会在意。

但是，鞋虽是脚下物，却最显身价。随时保持衣着的亮度和光洁，是一个人品位的标志。如果你穿戴得整整齐齐，但因为鞋子上沾了灰尘而影响了自己的形象，那就太不划算了。

【攻心策略】这种人一般工作都非常出色，但要想提升自己的形象，让自己更加成功，还得完善自身的一些细节。

6. 梳个简单的发型

提升自我形象，不但要从服饰上下功夫，发型也要相当重视。发型并不是越复杂越好，有时候，简单的发型也能为你赢得他人的好感。因为，这会让人感到你是一个干净利落的人，而别人也更加愿意跟你这样的人合作。也许，你仅仅是梳了个简单的发型，你的事业却变得顺利了起来……

（1）固定的发型

【场景】一个人对另一个人说："你的发型怎么老是不变啊？"另一个人说："这是我的商标，已经注册了！"

【发型描述】老姚的发型十几年都没变过，一直都是三七分。为了保持这种发型，他每个月都要去一次理发店——头发一长，他便及时理发。

【发型解读】这种拥有固定发型的人，一般都性格稳重且对事业非常执着。他的固定发型不但为他固定了形象，更为他固定了人脉网。

【攻心策略】给自己设定固定的发型，不需要多么复杂，简单、干净、精神就行。同时，这种拥有固定发型的人也更加值得信赖，让人更加放心地去交往。

（2）光头

【场景】萝卜对西瓜说："还是你们光头的身价高哟。"西瓜说："我们可是艺术家哦！"

【发型描述】张军喜欢留光头，正是因为这个光头让他吃了不少苦头，可他依然不明白自己究竟错在了哪里。

【发型解读】当今社会，虽然光头出现的频率越来越高，但现实生活中，人们对光头还是有些介意。在公众的眼里，一般情况下，只有那些上了年纪秃了顶的人才会留光头，而年轻人剃光头会给人一种不稳重的感觉。

【攻心策略】如果不是特殊行业，比如艺人，还是不要留光头的好——那不仅会让人产生误会，还会影响社交关系，而且，这对自己的社会价值观、审美观和心智的培养也是不利的。

（3）跟着时尚走

【场景】一个人的头上顶着一个乌鸦窝，众人都在指指

< 218 >

点点，那个人却说："这可是最时尚的发型！"

【**发型描述**】小杨最喜欢跟着潮流走，特别是头发，只要看到哪位明星做了新造型——不管好不好看，他马上就会去弄同款的。

【**发型解读**】虽然时尚的发型充满活力，却会显得不够成熟稳重——人们有可能会多看你几眼，但不放心将重要的事交给你去做，因为你不会得到充分的信任。

【**攻心策略**】在人际交往中，特别是在选择合作者的时候，人们首先看重的是这个人可不可靠，而不是漂不漂亮。所以，一种能让你变得稳重的发型，要比让你显得时尚的发型对你的帮助更大。

7. 主动说出无关紧要的小缺点

每个人都会有缺点，在人际交往中，与其让别人去发现你的缺点，还不如自己主动说出来。这样既显出了自己的坦诚，也让别人看出了你想改正缺点的决心。

但是，缺点也不是随便就可以说的，一些影响严重的缺点，就算你说得再完美也会有损自己的形象。所以，你只能

说一些无关紧要的小缺点。

（1）避实就虚

【场景】 员工："我的缺点就是不吃不喝，一心扑在工作上。"领导："这才是我想要的好员工啊！"

【缺点描述】 一次，公司领导要求大家做一个自我评价。大家一个个谈完了，领导却不满意地问："难道大家都是完人，一个缺点也没有？"

这时，张扬主动站起来说："我住得远，因为害怕上班迟到，我一般都吃盒饭。其实，我的缺点就是不会做饭，今后我一定会利用休息时间好好学做饭，争取少吃盒饭，将自己养得健壮一点，好为公司做出更大的贡献。"

领导非常满意，点了点头说："这个缺点确实要努力改正。身体是革命的本钱，不能老吃盒饭啊。"

【缺点解读】 张扬不但说出了自己的缺点，而且避实就虚了。最后，他还表示自己改正这个"缺点"的动机，就是为了更好地工作。这样的"缺点"不但没有损害张扬的形象，还给领导留下了一个好印象。

【攻心策略】 在谈论自己的缺点时，避实就虚是一个不错的选择，但也不能每次都这样做，不然会让领导感觉你不诚实。所以，当谈到实际的缺点时你也要懂得不要停留于缺点本身——可将重点放在自己克服缺点的决心和行动上。

（2）泛泛而谈

【场景】男："我最大的缺点就是没人愿意嫁给我。"女："别人不要的，我也不要！"

【缺点描述】李想是一个大龄青年，亲戚给他介绍了一个对象。当着对象的面，他说了自己的一大堆优点。

接着，女孩让他说说自己的缺点。他说："我的缺点很多，比如不细心呀、健忘呀……"女孩听了半天不知所云，后来一生气，连招呼也没打就转身走了。

【缺点解读】谈论自己的缺点时，千万不要泛泛而谈，可以结合事例具体说明。比如怎么个不细心法，是不是穿袜子时穿了两种颜色的？健忘也是，是炒菜时忘了放盐吗？如果是这样，那也不是什么大缺点，很容易让人接受。

【攻心策略】没有事例的缺点，会给人造成两种印象，一种是别人会认为你不诚实，根本就不想将真实的情况说出来。还有一种就是，别人会认为你的缺点过多，浑身都是毛病，特别是在一些重大的事情上无法把握自己。

（3）安全缺点

【场景】一个人说："我的缺点就是心里没有自己，只有别人。"一大堆人说："那好啊，今天我们全去你家吃饭！"

【缺点描述】大毛有一次当众谈起了自己，他说自己的缺点就是大大咧咧。比如，明知道自己不会游泳，见到别人落水后还一个劲儿地往水里跳，好几次都是灌了一肚子水后被别人救上来的。

【缺点解读】这明显就是一个"安全缺点"，意思是：它在某些场合是缺点，但在另外一些场合可能是优点。

【攻心策略】虽然"安全缺点"不会破坏你的形象，但经验丰富的人会认为你这是油嘴滑舌，所以你应该慎言。

8. 面试时应该怎样着装

应聘者与面试官的第一次见面，对于双方来说都是很重要的。因为，面试官会根据应聘者的仪表、言谈、举止、气质、反应力等，可以判断他的性格。

应聘者带给面试官的第一印象，往往能够决定他能否面试成功。而形象无疑与一个人的着装有着极大的关系，所以穿着得体在初次面试时是十分重要的。

（1）西装革履

【场景】 一位穿着休闲装的应聘者，在一位西装革履的考官面前瑟瑟发抖。考官说："不用怕，我不是老虎。"应聘者说："你不是老虎，干吗穿一身'虎皮'呢？吓死我了！"

【包装描述】 方翔去一家公司应聘时，因为时间紧，他没来得及换衣服，穿着一套休闲装就去了。等到了应聘现场，他才意识到自己没有好好收拾一下，对此后悔不已。因为，不管是其他应聘者还是面试官，全都是西服革履。

尽管方翔在专业上、能力上都与那份工作十分吻合，可就是因为服装没选好，使他失去了面试的勇气。

【包装解读】 作为面试官，如果看到一个穿着随意的人，对他的第一印象肯定会大打折扣。他会认为，这肯定是一个对工作不够严谨、不够负责任的人。因此，他无形中便会在心理上对应聘者进行打压。

所以，对应聘者来说，穿得体的服装能够提高你的自信心。你可以穿一身能提升自己档次的服装，这样不仅能与对方建立起平等关系，还能克服胆怯心理。

这是因为，如果你穿着随便，而对方西装革履，你就会自感相形见绌，从而信心不足——要是站在对方面前的话，心理上就已比对方低了一等。

【攻心策略】在面试之前，一定要早早地选出一套好的备用服装。如果自己不会挑选，可以请求那些有经验的朋友帮忙挑选——只有这样，才不会让自己败在着装上。

（2）自信是最好的包装

【场景】一架天平的一边放着文凭、重要背景、华美着装，却比不过另一边"自信"二字的分量。

【包装描述】在许多应届毕业生为找一份满意的工作而发愁时，小郑却轻松地赢得了一份工作。

在着装上，小郑虽然也花了一些工夫，但在自信上花的时间更多。他经常说的一句话就是"天生我材必有用"，也正是这句话给了他自信的力量。

【包装解读】每个应试者都要先问问自己，是否充分相信自己，有没有信心应聘成功。对任何人来说，相信自己的实力，相信自己的水平，相信自己能够干出一番事业，才会热情地、努力地去投身到这项事业中去。

【攻心策略】当然，信心不是万能的，一个人绝不会因为相信自己就仕途平坦。但是，信心能帮助我们克服困难，以最旺盛、最活跃的精神状态去迎接挑战，以足够的耐力面对挫折，以足够的勇气打败对手，而这正是应聘者成功的重要精神支柱。

（3）不要包装得太完美

【场景】面试官："对不起，你不符合录取标准！"应聘者："啊，是不是因为我的衣服上有一个小黑点？真该死，我怎么没早点发现这个黑点呢？"这时，一只苍蝇从他的身上飞了起来……

【包装描述】去一家跨国公司应聘之前，小文精心地打扮了一番。最后，面试官这里是通过了，可是，那家公司的老板却不买账。

老板说："我承认，良好的修饰是必要的，但是，这个人的仪表完美得令人望而生畏。看看，他的衣着是完美的，头发是完美的，指甲是完美的，连他的牙齿也完美无缺。他更像是一尊雕塑，我可不希望如此——因为没有任何人是完美的。"

【包装解读】在面试官面前，一个个应聘者正襟危坐，笑不露齿；说话时吐字清晰，抑扬顿挫，仿佛在深情地朗诵一首诗……这是表演而不是面试。

完美主义者都希望自己在别人眼中是无可挑剔的，他们尽其所能地包装自己的应聘简历，把所有的优点都展现出来，整个求职过程简直是"无懈可击"。然而，应聘者却忽略了面试的根本目的——你是来工作的，不是来表演的。

【攻心策略】完美主义者像一拉就断的弓。所以，面试前，不必为自己所谓的缺点平添不必要的苦恼，而是多想想自己的优点和长处。也不必在面试官老练的目光下，因害怕暴露自己的缺点而动摇信心，成了一个蹩脚的完美主义者。

9. 克服面试中的恐惧心理

在去一个陌生的地方面试时，每个人或多或少都会产生恐惧心理。这种恐惧心理会导致应试者因为心情过度紧张而注意力不集中，从而影响正常发挥。严重者，甚至连一句话也讲不出来。所以说，克服面试中的恐惧心理，可能会成为应聘能否成功的关键。

（1）陌生恐惧感

【场景】一头大象看见一只小白兔后扭头就跑，大灰狼见了，就问大象为什么要跑，它只不过是一只小白兔而已。大象惊慌失措地说："我害怕见到这种陌生的动物……"

【心理描述】那天，阿林去某设计公司应聘职位，可他还没跟面试官说上几句话便心慌意乱，并且前言不搭后语了。结果可想而知。

阿林回到家后，家人问他是什么原因导致落聘的。他支支吾吾说不出话来，憋了半天，他才说："我、我害怕去陌生的环境，更怕与陌生人交谈……"

【心理解读】陌生恐惧感，是指一个人处于陌生环境时，特别是与陌生人交谈时，会感到脸红心跳，并伴随着紧张和说不出话的一种感觉。

其实，大多数人都有这种心理，只不过，有的人能够自我克制，而有的人自我克制力稍差点儿罢了。

【攻心策略】遇到这种情况时，你通常只需要在心里暗示自己"我不怕"就行了。这主要是让自己明白，别人在你的眼里是陌生的，你在别人的眼里同样是陌生的，所以，大可不必感到恐惧。

（2）群体恐惧感

【场景】 在一张目光交织的网里，有一个人无所适从。

【心理描述】 那天，小赵去一家公司应聘，当发现有很多人时，他的心里突然一阵紧张，但随后他定了定神，挺起胸脯走进了面试官的办公室。没想到，他还真的被录取了。

【心理解读】 当你去某公司应聘，而会议室里有许多人时，你发觉众人的目光都投向了你，便会感到一阵紧张，很不自在。因为，对方是一群人，而你是单独一人，自然而然就会产生一种群体恐惧。

【攻心策略】 这时，你应该这样想："我是来应聘的，而我各方面的能力都不错，正是他们理想的人选。"这样，自己的恐惧心理就会慢慢地得到缓解。

（3）高位恐惧感

【场景】 两个人面对面坐着，总裁的椅子大，椅子的阴影更大；应聘者的椅子很小，椅子的阴影更小……

【心理描述】 小潘经过几轮面试，一路过关斩将淘汰了不少竞争者，可当他闯到最后一关时却胆怯了——他不敢面对总裁的考察。他不知道如何是好，放弃吧，心有不甘；不

< 228 >

放弃吧，又不敢去直面总裁。

【心理解读】当你去某公司应聘时，面试官往往可能是自己以后的上司，因为你看过关于他们的报道或听说过他们显赫的名声，所以心里会产生一种莫名的不安，这就是高位恐惧。

【攻心策略】面试恐惧是正常现象，没必要因此而不自信。你可以进行足够的心理暗示，让自己尽量放松下来——你要相信自己能够胜任这份工作，况且从人格上说，大家都是平等的。这样便会增加自己的勇气，使面试顺利进行下去。

10. 面试时适时低调

面试是一个双向选择的过程，求职者也可以向对方提问，但在提问时不能将自己摆在过高的位置上，语气也要尽量显得柔和。特别是当发现面试的公司有些不完善时，不能加以讽刺。如果面试时过于高调，很容易让面试的公司对你产生一种敬而远之的感觉——只有适时地低调，才能赢得一个好结果。

（1）野心过大导致出局

【场景】鱼缸："请问你有多长？"金鱼："虽然我现在才五厘米，但我肯定会长到三米长的。"鱼缸："可是，我的直径才两米啊！"

【面试描述】在一次招聘会上，国际贸易专业的应届毕业生小徐想应聘经理助理一职。她英语口语流利，大学期间参加过多项社会活动，表现出一股自信满满的劲头。经过数个回合的问答，小徐干练的气质让面试官颇为满意。

接着，面试官问小徐两年内的职业规划和薪酬期望。小徐思索片刻后表示，自己虽是职场新人，但有很强的学习能力，希望可以通过自己的努力，在两年内进入管理层；至于薪酬，则希望能尽快达到年薪 20 万元。

这个回答让面试官放弃了小徐。

【面试解读】在面试时，许多面试官喜欢询问求职者的职业规划，他们的主要目的是，通过求职者的职业规划来了解公司提供的发展平台能不能满足他们的职业目标。

通常情况下，招聘单位都希望求职者能安心地在某个岗位上长期工作。不过，这需要根据招聘单位的具体情况而定：如果是一家老公司，求职者提出的薪酬或岗位过高时，招聘单位可能不会接受；如果是一家刚起步并处于上升期的公司，也许会需要一些有理想和拼搏精神的职员。

【攻心策略】如果确实觉得自己非常优秀，可以多谈谈自己对工作的规划以及如何创新业绩，因为工作与业绩上去了，职位和薪酬目标自然也就达到了。

（2）口气太大令人反感

【场景】应聘者："我能将地球撬起来。"面试官："那你试一下给我看看吧。"应聘者："请给我一根足够大的杠杆。"

【面试描述】一家建材行业知名公司招聘区域经理，一名中年男子前来应聘。

"能谈谈你的工作经历吗？"面试官问道。

"我在这个行业是很强的。"求职者自信地答道。

"哦？怎么说？"面试官显示出了浓厚的兴趣。

"我在该行业做工程项目十多年了，可以说，提到我的名字，几乎大家都知道。各企业、零售商我都很熟悉，人脉非常广……"求职者滔滔不绝地说。

此时，面试官打断了他："你的简历上面写着在××公司工作过，后来又去了另外一家公司工作，请问，你跳槽的原因是什么？在这两家企业分别担任什么职位？"求职者支支吾吾答不上来。

【面试解读】通常情况下，面试官都想了解求职者曾担任过的职位，以及他从事过的工作情况。如果没有能力，光说大话，是不会得到面试官认可的。再加上语气傲慢，还会让人感觉求职者的综合素质不高。

【攻心策略】求职时，多表现自己的优点和长处无可厚非，但千万不能言过其实。比如说，你曾经当过主管，但不能说自己曾经当过经理。你可以说，你在任主管期间做过哪些工作，这样会给面试官留下一种认真、负责的好印象。

（3）知己知彼

【场景】应聘者："贵公司对应聘者的要求是瓜子脸，身高 1.65 米，体重 49 公斤。我完全符合这个要求啊！"面试官："OK！"

【面试描述】小钟对某公司的职位要求、工作内容了解得很清楚以后才去应聘。由于提前做了充分的准备，所以她在面试时表现得非常自信，面试官对她的印象也非常深刻，她如愿被录用了。

【面试解读】每个行业对求职者的能力要求也有所不同，比如 IT 行业最看重的是求职者的能力、学历和潜力；而在商贸企业里，因为受到业务、客户的影响，所以更看重求职者的真诚和稳定。所以说，求职者在表现自己能力的同时，还要对应聘的公司进行全面的了解。

【攻心策略】在求职应聘之前，首先自己要有一个职业规划，再就是有的放矢地去选择应聘单位。

11. 面试时需要适时掩饰的心理

面试时，求职者除了要接受面试官的考察与询问外，还要主动向面试官表现自己的优点和长处。

由于很多人无法把握好度，所以出现了失败的情况。他们可能因为自信心不足而过于拘谨，从而没有发挥好自己的优势，也可能因为过分自信而给人一种言过其实的感觉，令人怀疑他们的能力和人品。

所以说，我们在面试时还需要掩饰自己的某些心理，这样才能为面试成功打下良好的基础。

（1）趋同心理

【场景】面试官："你是哪里人？"应聘者："您是哪里人，我就是哪里人……"

【**行为描述**】小温去一家公司应聘，在整个面试过程中，面试官问什么，他就顺着面试官点头回答。面试官觉得他虽然是一个人才，但没个性，害怕他在以后的工作中凡事顺从上司，不能独当一面。最后，小温被淘汰了。

【**心理解读**】在面试中，求职者一味地迎合面试官的举动被称为趋同心理。因为，有的求职者过分在意面试官的意见，于是凡事都会顺着面试官的意思去说、去做，结果反而会被面试官认为他缺乏个性。

要想改变这种趋同心理，还得先从培养自己独立的个性入手，避免出现不自信、盲从等现象。

【**攻心策略**】培养独立的个性，可以从以下方面入手：平时与人交谈时，认真听完别人的谈话后再发表意见。千万注意，不要在别人说话时不断地点头附和，这样会给人留下盲从的印象。

（2）戒备心理

【**场景**】应聘者身上布满了荆棘，面试官看到后吓得手足无措……

【**行为描述**】一次，小伍去一家公司应聘，当面试官向他提问时，他因为害怕自己说错话，一时不知道该怎样回答才好。但不回答肯定是不行的，于是他支支吾吾了半天，

< 234 >

最后竟然都不知道自己究竟说了些什么。结果，这令面试官非常失望，他因此没有成功。

【**心理解读**】戒备心理，是指应聘者与面试官之间因彼此陌生而使心理上出现距离感，具体表现为应聘者过于拘谨、防范、疏远、不愿说心里话等。拥有这种心理的人敏感、多虑，他们对面试官保持着很高的警惕，对面试过分的敷衍态度或对面试的过分关注，会导致面试官怀疑应聘者缺乏能力和信心。

【**攻心策略**】当面试官提问时，只要不是原则性问题，都应当主动积极地回答。

（3）自卑心理

【**场景**】一个人表情平静，他的胸前画着一个巨大的心形图案，上面写着："我一定能行！"

【**行为描述**】小王是一个极其自卑的人，面对面试官，他尽量掩饰自己的不自信——虽然他表情平静，但心里在打鼓似的怦怦直跳。于是，他在心里不停地念着："我能行的，我一定能行！"最后，他顺利地通过了面试。

【**心理解读**】自卑是一种消极的心理现象，它体现在个人自我评价过低。而自卑感严重的人，往往处世消极，工作上会不思进取。对应聘者来说，这种心理危害巨大。一个人

只要全力以赴，成功的机会就会很大。

【攻心策略】从心理学的角度来看，克服自卑是一个艰难的过程，如果说有什么妙方的话，那么自信心是至关重要的。除了努力之外，最重要的是，你必须认为自己"一定可以做到"，比如在心里默念："我一定能行！"这样，你才有可能达到自己的目的。

12. 暖妆能为你的形象增色

现在的职业女性非常注重自己的形象与气质，她们会根据职业特点或社交环境来选择适合自己的妆容，表现职业女性的理智与成熟。她们化妆的原则是淡雅、含蓄，既显得自信，又突出自己独特的个性。

职业新人的妆容要干净、明亮，以暖妆为主。得体的职业妆容会让人看着舒服、顺眼，能给人留下美好的印象，赢得别人的好感，增加客户的信任度。

（1）选择与肤色接近的粉底色

【场景】一个人用羡慕的眼神看着舞台上的美女："真是貌若天仙啊！"美女暗笑："都是粉底的功劳……"

【行为描述】英子看到舞台上的美女那么漂亮，羡慕极了。她想："我要是有那么好的肌肤就好了。"后来，她才知道那都是粉底的作用。

【暖色解读】粉底不可涂抹过厚，尽量选用接近自己肤色的自然色彩，以免显得不自然。如果皮肤偏白或偏黄，可在粉底外加些粉红的蜜粉。

【攻心策略】很多人不明白，杂志上那些皮肤透明无瑕的模特之所以那么漂亮，大多是优质粉底产生的效果。所以，适当用些粉底，对提升你的形象是很有好处的。但需要注意的是，你应该选择与自己肤色接近的粉底色——若粉底色太白，会有"浮粉"的感觉。

（2）口红弥补憔悴脸色

【场景】一支口红贴在一个人的耳边说："别忘了感谢我哦……"

【行为描述】小霞昨夜加班赶营销文案，第二天同事们

看到她都吓了一跳，关切地问道："你是不是生病了，脸色怎么这么苍白？"过后，小霞吸取了教训，每天上班前都会抹一点口红。

【暖色解读】在办公室里，如果选择有透明感的唇彩可以不用勾勒唇线。亮红色、樱桃红、粉红色、李子色、南瓜色等色调的口红，都适合暗淡肤色或脸色憔悴的女士。

【攻心策略】长相是天生的，但形象与气质的塑造是后天可以培养的。许多职业女性经常熬夜，导致脸色苍白、面容憔悴，这时候，涂抹颜色亮丽的口红就会令整个人充满活力。

（3）睫毛膏让你的眼睛焕发神采

【场景】领导："你今天看上去很精神哦！"员工："谢谢领导的赞美，因为我有秘密武器……"

【行为描述】小丽的眼睛小，而且眼睫毛松散，上班时总是让人觉得她有气无力、没睡醒似的，这个样子也让领导对她有看法了。在使用了一次睫毛膏后，她看上去立即变得精神了。

【暖色解读】睫毛膏是增添女性魅力的"神来之笔"，它能使睫毛变长、加粗，同时实现浓密、卷翘以及根根分明等效果。使用它以后，睫毛仿佛增长、增多了一般，这就相当完美演绎了深邃的美眸，实现了饱满、丰盈的美妆效果。

【攻心策略】睫毛膏可以让你的睫毛看起来比较长，在视觉上加强睫毛的精致效果，也会让你看上去特别有神。这种妆容看上去能显得你精明能干，让领导、同事对你产生信任感。

13. 有时笨拙的表现也能让人对你产生好感

聪明和笨拙都是相对而言的。职场中，大家都觉得聪明的人可能是笨蛋，而人人觉得笨到极点的人可能是聪明人。聪明人不隐藏自己的锋芒，工作上处处会表现得能力超强，殊不知，这在无形中会招来嫉妒。

而笨拙的人能表现出单纯的一面，以憨直的形象激发他人的优越感，吃小亏而占大便宜。

（1）笨蛋比聪明人更聪明

【场景】一张裁员名单上写着"聪明人"，一张保留名单上写着"笨人"，领导自言自语："聪明人太难管理了，

我就是需要笨人！"

【行为描述】老张看起来就是一个"笨蛋"，但几年过去了，很多"聪明人"都走了，他还留在公司里，而且已经进入公司的高层了。

【笨拙解读】聪明人往往不会很成功，他们在公司会受到打压，导致经常跳槽。几年以后，折腾了一圈的聪明人回头看时，发现从前自己瞧不上眼的笨蛋们都已经登上高位，成为让人仰望的对象了。

【攻心策略】其实，聪明不代表有能力，也不代表好管理。特别是在关键时刻，会装笨的人总能够获得意想不到的收获。

（2）无利蛰伏，有利起早

【场景】一个衣服上写有"笨蛋"两字的人说："领导，我不要'聪明'，我只要'薪水'。"

【行为描述】在公司里，谁都认为老李是一个笨人，他不爱说话，也没什么创造力，但他的薪水却拿得最多。

【笨拙解读】聪明的笨人和真正的笨人，平时看起来完全一样，他们做事迟缓、发言木讷，跟他们说句话，他们半懂半不懂，做事有时灵光，有时不灵光。但这两类人，却有着截然不同的区别。

装笨的人实质是聪明人，对同级别的人有威胁，他们往往能缓慢但稳定地升迁，在任何危险期（比如裁员）都能安全渡过。真正的笨人却是混吃等死，他们是真的听不懂领导的话，也不会做事，所以是职场中最容易被淘汰的一类人。

【攻心策略】其实，这两种人是很好区别的。在无关紧要的时候，两种人的反应是完全一样的，可当某件事具有巨大的利益，或者会带来重大的影响时，装笨的人就有反应了。因为，这一类人通常是在无利可图的时候蛰伏，而当有利可图时，他们很早就会谋篇布局，先给自己占好地盘。

（3）不要跟聪明人较劲

【场景】一个头戴"聪明"帽子的人哭着说："我是聪明人，为什么要赶我走？"

【行为描述】小余经常会得到一些"聪明人"的指点，每到这时，他就会不住地点头称是，同时还夸他们几句。可没过几天，小余便发现，那些"聪明人"便在自己的眼皮底下消失了。

【笨拙解读】"聪明人"其实是很令人讨厌的，他们不止装聪明装得厉害，而且喜好指点江山，什么事都要拿来指导一番。甚至是，很多新人还喜欢装着有经验的样子给职场老手们"讲课"。

遇到这种"聪明人"时，千万别跟他们较劲儿，更别直接顶撞他们，也不要提醒他们。你可以放任自流，甚至可以捧他们几句。

当这类"聪明人"得意忘形之后，他们会逐渐成为职场公敌，变成嫉妒的中心——到了那时，他们做什么事都不会顺心，整个职场都会化作他们的压力。

【攻心策略】不管什么时候，说好话都是对自己有好处、对别人无坏处的，所以多说无妨。

14. 使用亲切、自然、风趣、幽默的语言

幽默是一种特殊的情绪表现，它是人们适应环境的工具，也是人们面临困境时减轻精神压力的方法之一，几乎每个人都喜欢跟说话幽默的人在一起。

如果你说的话充满了幽默，这将会给你带来好人缘，因为别人会觉得你平易近人。风趣幽默的话语方式，可以拉近人与人之间的距离，体现出你迷人的个性，还可以帮你收获很多便利。

（1）幽默解嘲，避免尴尬

【场景】一杯酒正在浇灌一个光头，头上没有长出头发，却长出了一朵花。

【语言描述】在某俱乐部举行的一次招待会上，服务员倒酒时不小心将啤酒洒到贵宾王总的秃头上。服务员吓得手足无措，全场人也是目瞪口呆。

王总却微笑着说："老弟，你以为这种治疗方法对秃头会有效吗？"在场的人闻声大笑，尴尬局面即刻被打破了。

王总借助自嘲，既展示了自己的大度，又维护了服务员的尊严。

【语言解读】在生活中，尴尬是不可避免的，我们经常会遇到令人面红耳赤、张口结舌的窘迫场面，从而产生一种紧张、焦躁的不安心理。甚至，有时候身边的人会有意制造尴尬——依仗亲密关系公开揭你的短，或讲述你过去做的傻事。

当然，有的人或许是无意的，他只是在不知不觉中说出了你的隐痛。但是，有意也好，无意也罢，在如此尴尬、窘迫的时刻，你又该怎么办呢？

【攻心策略】在社交中，当你陷入尴尬的境地时，借助自嘲往往能使你体面地脱身。

（2）对的劝谏，加点"幽默"的调料

【场景】一只蚊子对另一只蚊子说："我们还是快点走吧，这家伙太幽默了，可能对我们不利呀！"

【语言描述】李翔从福建旅行回来后，对朋友说，那里的蚊子特别厉害，又大又多又凶。那天，当他在酒店服务台登记房间时，恰巧有一只蚊子飞过来。他笑了笑，对服务员说："我早就听说贵地的蚊子十分聪明，果然名不虚传，它竟会预先来看看我的房间号码，以便夜晚光临饱餐一顿。"

服务员听到这话笑了起来，由衷地钦佩李翔的风趣幽默，同时也明白了他暗示的要求。结果，这一夜李翔睡得特别好，因为服务员记下了他的房间号码，很负责地做好了驱蚊工作。

【语言解读】拿道理说服人，使别人相信自己，从而改正错误或接受自己的建议，这个过程就是所谓的劝谏。想要成功地劝谏，就需要使用一些高明的技巧。

有时候，三两句话在幽默的衬托下或暗讽，或明示，或嬉笑，或装傻，都有意想不到的效果。劝谏时，适当地带点幽默可以使双方避免尴尬的境地，还可以达到自己想要的目的。

【攻心策略】生活就是生活，无论你要面对的是亲人、朋友、同事，还是一般的熟人，只要你是真心诚意地向对方献上忠言，那么就请你先调整好自己的情绪，管好自己的嘴。只要能做到这一点，你所献的忠言就不会是逆耳话。

（3）幽默让你与他人零距离接触

【场景】一条超短裙与一条裹脚布进行大PK，结果超短裙站在了最高领奖台上……

【语言描述】在上台演说前，著名学者林语堂说了这样一段幽默的开场白："女士们、先生们，绅士的讲话不可以是婆姨的裹脚布——又臭又长，而应该是妙龄少女的裙子——越短就越好。"当时，他赢得了全场人的喝彩。

【语言解读】每个人都知道万事开头难，而幽默就是一个良方，如果你巧妙地运用它，就可以让苦药不再苦口——在令人一笑的同时，能轻松地打开人际交往的局面，获得想象不到的最佳效果。

【攻心策略】如果你希望引人注目，社交成功，那么你就应该学会跟别人来点幽默，让大家跟你一起笑。